浙西北
常用植物彩色图鉴

ZHEXIBEI
CHANGYONG ZHIWU
CAISE TUJIAN

顾 问 何礼华
主 编 楼君 华克达 缪强
副主编 蔡晓郡 孙娇娇 楼科勋 倪剑萍

ZHEJIANG UNIVERSITY PRESS
浙江大学出版社
·杭州·

图书在版编目（CIP）数据

浙西北常用植物彩色图鉴 / 楼君，华克达，缪强主编. -- 杭州：浙江大学出版社，2024.5
ISBN 978-7-308-24531-9

Ⅰ．①浙… Ⅱ．①楼… ②华… ③缪… Ⅲ．①植物－浙江－图谱 Ⅳ．①Q948.525.5-64

中国国家版本馆CIP数据核字(2024)第000809号

浙西北常用植物彩色图鉴

ZHEXIBEI CHANGYONG ZHIWU CAISE TUJIAN

主　编　楼　君　华克达　缪　强
副主编　蔡晓郡　孙娇娇　楼科勋　倪剑萍

责任编辑	王元新
责任校对	阮海潮
封面设计	林智广告
出版发行	浙江大学出版社
	（杭州天目山路148号　邮政编码：310007）
	（网址：http://www.zjupress.com）
排　版	杭州林智广告有限公司
印　刷	杭州捷派印务有限公司
开　本	889mm×1194mm　1/16
印　张	11.75
字　数	301千
版印次	2024年5月第1版　2024年5月第1次印刷
书　号	ISBN 978-7-308-24531-9
定　价	78.00元

编 委 会

前言

PREFACE

浙西北地区多山地丘陵，气候属典型的亚热带季风气候，冬冷夏热，四季分明；降水充沛，光照充足，年平均气温 15～18℃；由于温度适宜，雨量充沛，雨水分配较为均匀，自然植被多为常绿阔叶林；壳斗科、樟科、山茶科、木兰科和金缕梅科等是常绿阔叶林中的主要分布树种。

党的十八大以来，为深入贯彻习近平总书记提出的"绿水青山就是金山银山"的发展理念，浙江省委、省政府紧紧围绕"五年绿化平原水乡，十年建成森林浙江"及全域大花园建设战略部署，要求各地在持续推进平原绿化和美丽乡村建设的基础上，大力营造"结构优、生态好、景观美、功能强、价值高"的珍贵彩色森林和城乡绿化景观，加速建设诗画浙江全域大花园。党的二十大报告也强调：坚持"绿水青山就是金山银山"的发展理念，坚持山水林田湖草沙一体化保护和系统治理，全方位、全地域、全过程加强生态环境保护。

一棵树就是一位形象使者，一片森林就是一个投资环境。植物是浙江省全域大花园建设的重要载体。为更好地服务浙西北地区美丽森林和美丽新农村绿化建设，以及满足广大市民向往美好生态的需求，本书收录了浙西北地区常用的乔木树种 90 种，小乔木与灌木树种 90 种，藤本植物 18 种，草本植物 52 种，观赏竹类 15 种，水生植物 19 种，以及特型植物 4 种；按植物的形态、习性、分布、应用和栽培管理要求，因地制宜地推荐一些山地造林、城乡绿化和室内美化常用的植物种类，为绿化建设单位和广大市民在实际应用中提供参考。

本书由楼君统稿。中国林业科学院亚热带林业研究所何礼华承担了大部分植物照片的拍摄工作，并担任本书的顾问；杭州市富阳区农业技术推广中心缪强承担了审稿工作，并与蔡晓郡、华克达一起负责撰写乔木、小乔木与灌木、藤本植物、草本植物、观赏竹类部分内容；杭州市富阳区农林资源保护中心孙娇娇负责撰写水生植物、特型植物部分内容；其他多位同志为本书做了文字校对、电脑图片整理等大量相关工作，感谢他们为本书的出版做出的贡献。同时，在编写过程中还参考借鉴了许多图书资料和网络资料，在此对相关作者深表感谢！

由于作者水平有限，书中存在错误在所难免，敬请批评指正。

杭州市富阳区农业农村局　楼　君

2023 年 11 月

引言

FOREWORD

百花迎春，绿荫护夏，彩叶缀秋，红果艳冬；

四时美景，万壑斑斓。

植物是美好生态的基础，

是生态文明与美丽中国建设的重要组成部分。

让我们一起走进植物世界，

了解它、认识它、亲近它，

看它把山河扮成锦绣，把国土绘成丹青。

I

第四篇　草本植物

第五篇　观赏竹类

毛竹、刚竹、紫竹、茶杆竹、青皮竹、孝顺竹、凤尾竹、佛肚竹、早园竹、箬竹、
菲白竹、斑竹、黄杆乌哺鸡竹、金镶玉竹、黄金间碧玉竹

第六篇　水生植物

荷花、睡莲、王莲、凤眼莲、再力花、千屈菜、黄菖蒲、鸢尾、伞草、芦苇、芦竹、
花叶芦竹、矮蒲苇、慈姑、水葱、梭鱼草、狐尾藻、水烛、田字萍

第七篇　特型植物

苏铁、棕榈、加拿利海枣、凤尾兰

附　录

第一篇

乔 木

　　乔木是指树身高大的木本植物，由根部发生独立的主干，树干和树冠有明显区分，成年树树高可超过 20 米。

　　乔木树种根据植物叶片形状的不同，分为针叶树种和阔叶树种两大类。松科、杉科、柏科等裸子植物皆属于针叶树类，但其中的银杏叶片呈扇形，人们习惯认其为阔叶型，因而本书将属于裸子植物的银杏归类到阔叶落叶乔木。乔木树种根据其冬季是否落叶，分为常绿和落叶两大类。

1.1　常绿针叶乔木

雪松　*Cedrus deodara* (Roxb. ex D. Don) G. Don

别名： 喜马拉雅雪松　**科属：** 松科·雪松属

形态： 针叶乔木。树体高大，树形优美，树冠尖塔形，大枝平展，小枝略下垂；叶针形，质硬，灰绿色或银灰色，在长枝上散生，短枝上簇生；10—11月开花，球果翌年成熟，椭圆状卵形，熟时褐或栗褐色。

习性： 喜光，稍耐荫，在酸性或微碱性土壤上能生长；在气候温和凉润、土层深厚、排水良好的酸性土壤上生长旺盛。

分布： 原产于亚洲西部、喜马拉雅山西部和非洲、地中海沿岸；我国只有一种野生喜马拉雅雪松，分布于西藏南部，其在印度和阿富汗也有生长。目前长江中下游地区的雪松主要为栽培种。

应用： 雪松是世界著名的庭园观赏树种之一，最适宜孤植于草坪中央、建筑前庭中心、广场中心或主要建筑物的两旁及园门的入口等处；具有较强的防尘、减噪与杀菌能力，适宜作工矿企业绿化树种。造林以春季3—4月及秋后为宜。

日本五针松　*Pinus parviflora* Siebold et Zuccarini

别名： 五针松　**科属：** 松科·松属

形态： 常绿乔木。树皮灰褐色，老干有不规则鳞片状剥裂，内皮赤褐色；冬芽长椭圆形，黄褐色；叶短，五针一束；花期4—5月，雌雄同株；球果卵圆形或卵状椭圆形，长4~7cm，翌年10—11月成熟，种子有翅。

习性： 阳性树种，喜光，耐寒；怕酷暑，温度过高会停止生长，会使基部针叶枯黄；喜疏松肥沃、排水良好的中性及微酸性腐殖土，不耐盐碱；较抗旱，怕水渍，耐肥力较差；生长速度缓慢，嫁接后成为灌木状。

分布： 原产于日本，我国长江流域各城市多有引种栽培。

应用： 干苍枝劲，翠叶葱茏，秀枝疏展，偃盖如画，是制作盆景、配置景点的珍贵材料。可孤植为中心树或作为主景树列植于园路两旁，也可种植于庭园或花坛，与山石、红枫、竹、梅相配更为合宜。

黑松 *Pinus thunbergii* Parlatore

别名: 日本黑松 白芽松 海风松　**科属:** 松科·松属

形态: 常绿大乔木。树皮灰黑色,不规则鳞片状剥落;枝条横展,老枝略下垂,小枝淡褐黄色;冬芽银白色;叶短而硬,2针一束,叶色深绿,长8~13cm;花期4—5月,雌雄同株;种熟期翌年10月,球果圆锥状卵圆形或卵圆形,栗褐色;种子倒卵状椭圆形,种翅灰褐色,翅长1.5~1.8cm。

习性: 阳性树种,喜温暖湿润的海洋性气候,抗风、耐海雾能力强;耐干旱瘠薄,在荒山、荒地、河滩、海岸都能适应。

分布: 原产于日本及朝鲜,我国辽东半岛、山东、江苏、浙江等沿海地区有栽培。

应用: 黑松为著名海岸、湖滨绿化树种,可用作防风、防潮、防沙林带及海滨浴场附近的风景林、行道树或庭荫树;亦可孤植或丛植于庭园、游园、广场角落,点缀园景;还可用作嫁接日本五针松的砧木。

湿地松 *Pinus elliottii* Engelmann

别名: 美国松 国外松　**科属:** 松科·松属

形态: 针叶乔木。湿地松树姿挺秀,树皮灰褐色或暗红褐色,纵裂成鳞状块片剥落;叶荫浓;针叶2~3针一束并存,刚硬,深绿色,腹背两面均有气孔线,边缘有锯齿;种子卵圆形。

习性: 对气温适应性较强,能忍耐40℃的绝对高温和−20℃的绝对低温。在中性以至强酸性红壤丘陵地以及表土50~60cm以下铁结核层和沙黏土地均生长良好,而在低洼沼泽地边缘尤佳,较耐旱,抗风力强;其根系可耐海水灌溉,但针叶不能抗盐分的侵染;为最喜光树种,极不耐荫。

分布: 原产于北美东南沿海等地,喜生于海拔150~500m的潮湿土壤。适生于低山丘陵地带,耐水湿,生长势常比同地区的马尾松或黑松好,对松毛虫危害抗性好。

应用: 宜配植山间坡地,溪边池畔,可成丛成片栽植,亦适于庭园、草地孤植或丛植作庇荫树及背景树。湿地松是一种良好的广普性园林绿化树种和水土保持应用树种,也是富阳山地造林中马尾松的替代树种。造林一般于早春,即春梢萌发前1—2月进行。

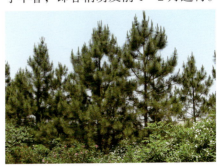

马尾松 *Pinus massoniana* Lamb.

别名： 松树 青松 山松　**科属：** 松科·松属

形态： 针叶乔木。树皮不规则的鳞状块片开裂，红褐色，枝平展或斜展，树冠宽塔形或伞形，枝条每年生长一轮；针叶绿色2针一束，极稀3针一束，细柔，微扭曲，终年常绿；球果卵圆形。

习性： 阳性树种，不耐庇荫，喜光、喜温。适生于年平均温13~22℃，绝对最低温度不到−10℃。根系发达，主根明显，有根菌。对土壤要求不严格，喜微酸性土壤，但怕水涝，不耐盐碱，在石砾土、砂质土、黏土、山脊和阳坡的冲刷薄地上，以及陡峭的石山岩缝里均能生长。

分布： 原产于广东和广西地区，现产于河南、陕西、长江中下游各省（区、市），南达福建、广东、台湾北部，西至四川中部，西南至贵州贵阳、毕节及云南富宁，但主产于江苏、安徽、河南等地。

应用： 为荒山恢复森林的先锋树种。材质优良，针叶可提取芳香油，花粉可用于制作保健品；造林在1月中下旬至2月中下旬均可进行。马尾松易受松材线虫病、松毛虫等病害感染，不宜以纯林模式造林，易跟常绿阔叶树种混交造林；也适合在庭前、亭旁、假山之间孤植。

白皮松 *Pinus bungeana* Zucc. ex Endl.

别名： 白骨松 虎皮松 蛇皮松　**科属：** 松科·松属

形态： 针叶乔木。有明显的主干，或从树干近基部分成数干；枝较细长，斜展，形成宽塔形至伞形树冠；幼树树皮光滑，灰绿色，老则树皮呈淡褐灰色或灰白色，裂成不规则的鳞状块片脱落，露出粉白色的内皮，白褐相间成斑鳞状；针叶3针一束，粗硬，叶背及腹面两侧均有气孔线，先端尖，边缘有细锯齿；雄球花卵圆形或椭圆形，多数聚生于新枝基部呈穗状。

习性： 阳性树种，喜光及凉爽干燥气候，幼时稍耐庇荫，较耐寒；深根性，不耐湿，喜生于排水良好的温润土壤，在中性、酸性及石灰岩土壤均能生长；对二氧化硫及烟尘抗性强；生长较缓慢，寿命长。

分布： 我国特有树种，分布于我国华北及西北地区，长江流域的园林中也有栽培应用。

应用： 树形雄伟壮观，干皮呈斑驳状乳白色，极其醒目，衬以青翠树冠，独具奇观，自古以来即配植于宫廷、寺院以及名园与墓地之中；宜孤植、对植，亦可群植成林或列植成行，为城市园林绿化的珍贵观赏树种。

罗汉松　*Podocarpus macrophyllus* (Thunb.) Sweet

科属：罗汉松科·罗汉松属

形态：针叶乔木。树皮灰色或灰褐色，浅纵裂，成薄片状脱落；枝开展或斜展，较密；叶螺旋状着生，条状披针形，微弯；雄球花穗状、腋生，雌球花单生叶腋；种子卵圆形。

习性：喜温暖湿润气候，耐寒性弱，耐荫性强；喜排水良好、湿润的砂质壤土，对土壤适应性强，盐碱土上亦能生存；对二氧化硫、硫化氢、氧化氮等多种污染气体抗性较强，抗病虫害能力强。

分布：野生树木极少，分布于我国多个省份。

应用：树姿葱翠秀雅，苍古矫健，叶色四季鲜绿，有苍劲高洁之感。具有很高的观赏价值，可作盆景，亦可在庭园、寺庙等地作观赏树种。移植以春季3—4月最佳。

杉木　*Cunninghamia lanceolata* (Lamb.) Hook.

别名：杉毛刺　**科属：**柏科·杉木属

形态：针叶乔木。幼树树冠尖塔形，大树树冠圆锥形，树皮灰褐色；叶在主枝上辐射伸展，披针形或条状披针形，通常微弯，呈镰状，革质、坚硬；雄球花圆锥状，雌球花单生，球果卵圆形。花期4月，球果10月下旬成熟。

习性：喜温暖湿润，多雾静风的气候环境；不耐严寒及湿热，怕风，怕旱；不耐盐碱，喜肥沃、深厚、湿润、排水良好的酸性土壤；浅根性，没有明显的主根，侧根、须根发达，再生力强，但穿透力弱；适应年平均温度15~23℃，极端最低温度−17℃，年降水量800~2000mm的气候条件。

分布：我国长江流域、秦岭以南地区栽培最广，垂直分布的上限常随地形和气候条件的不同而有差异，如浙江西南山区分布于800m以下。

应用：速生用材树种，多在山地造林中以纯林营造；混交栽培时，马尾松是较理想的伴生树种。冬末春初造林为宜。

柳杉 *Cryptomeria japonica* var. *sinensis* Miquel

科属： 柏科·柳杉属

形态： 针叶乔木。树姿雄伟，纤枝略垂，树形圆整高大，树冠狭圆锥形或圆锥形；树皮红棕色，纤维状，裂成长条片状脱落；大枝近轮生，平展或斜展，小枝细长，常下垂，绿色；叶钻形略向内弯曲，先端内曲，四边有气孔线；球果圆球形或扁球形。

习性： 中等喜光，喜欢温暖湿润、云雾弥漫、夏季较凉爽的山区气候；喜深厚肥沃的砂质壤土，忌积水；生于海拔400~2500m的山谷边、山谷溪边潮湿林中、山坡林中；幼龄能稍耐荫，在寒凉较干旱、土层瘠薄的地方生长不良；根系较浅，侧根发达，主根不明显，抗风力差；对二氧化硫、氯气、氟化氢等有较好的抗性。

分布： 我国特有树种，主要分布于长江流域以南至广东、广西、云南、贵州、四川等地，全国各地均有栽培。

应用： 最适于列植、对植，或于风景区内大面积群植成林，是一个良好的绿化和环保树种。造林可于冬、春季进行。

南方红豆杉 *Taxus wallichiana var. mairei* (Lemee & H. Léveillé) L. K. Fu & Nan Li

别名： 血柏 美丽红豆杉　**科属：** 红豆杉科·红豆杉属

形态： 常绿大乔木。叶螺旋状互生，叶缘微反曲，多呈弯镰状；种子微扁，多呈倒卵圆形，种脐椭圆形；假种皮杯状，红色。

习性： 中性树种，喜凉爽湿润气候；幼苗期生长缓慢，4~5年后明显加快；喜湿润而排水良好的土壤，较耐寒，怕涝，忌酷热。

分布： 分布于安徽南部、浙江、台湾、福建、江西、广东北部、广西北部及东北部、湖南、湖北西部、河南西部、陕西南部、甘肃南部、四川、贵州及云南东北部。

应用： 树体高大，树形端正，可孤植、丛植或列植，也可修剪成各种雕塑样式，是优良的园林观赏树种。

榧树 *Torreya grandis* Fort. ex Lindl.

别名：榧子树　**科属：**红豆杉科·榧属

形态：针叶乔木。树干挺直，大枝开展，树冠广卵形；树皮浅黄灰色、深灰色或灰褐色，不规则纵裂；雌雄异株，罕同株，花期4月；种子椭圆形、倒卵形、长椭圆形或卵圆形，果期9月。

习性：喜光而好凉爽湿润的环境，常散生于土层深厚有林的黄壤谷地；忌积水低洼地，干旱瘠薄处生长不良；能耐寒；树龄上千年。

分布：我国特有树种，分布于江苏、福建、安徽、江西、湖南、浙江和贵州等地，适生于海拔1400m以下、温暖多雨的黄壤土、红壤土、黄褐土地区。

应用：嫁接后果实为香榧，是名贵干果，经济价值高；材质优良，是建筑、造船、家具等的优良木材；是浙江重点推荐的山地造林珍贵树种。造林适宜时间为12月至翌年3月。

南洋杉 *Araucaria cunninghamii* Sweet

别名：塔形南洋杉　**科属：**南洋杉科·南洋杉属

形态：乔木。树皮灰褐色或暗灰色，横裂；大枝平展或斜伸，幼树冠尖塔形，老则成平顶状，侧身小枝密生，下垂，近羽状排列。叶二型：幼树和侧枝的叶排列疏松；大枝及花果枝上之叶排列紧密而叠盖。球果卵圆形或椭圆形，苞鳞楔状倒卵形；种子椭圆形，两侧具结合而生的膜质翅。

习性：喜光，喜气候温暖、光照柔和充足、空气清新湿润的地区；夏季避免强光，冬季需要阳光充足；不耐寒，忌干旱；盆栽要求疏松湿润、腐殖质含量较高、排水透气性好的培养土。

分布：原产南美洲、大洋洲；现我国广东、福建、台湾、海南、云南、广西等地均有栽培。

应用：南洋杉与雪松、日本金松、北美红杉、金钱松并称为世界5大公园树种，宜孤植作为园景树或作纪念树，亦可作行道树，但以选无强风地点为宜，以免树冠偏斜；南洋杉又是珍贵的室内盆栽装饰树种。

竹柏 *Nageia nagi* (Thunberg) Kuntze

别名：椰树 罗汉柴　　**科属：**罗汉松科·竹柏属

形态：常绿乔木。树冠广圆锥形，干直，皮光滑，红褐色，枝开展；叶交互对生或近对生，排成两列，长椭圆状披针形，厚革质，无中脉而有多数并列细脉，似竹叶；花期3—4月；种子圆球形，10月成熟，暗紫色，被白粉。

习性：较耐荫，适生长于半荫的环境中；喜温热湿润气候，对土壤要求较高；生长速度中缓；不耐寒，在南京、上海等地栽种易受冻害。

分布：主产于浙江、福建、湖南等省，长江以南城市有栽培；日本南部也有分布。

应用：竹柏树冠浓郁，枝叶青翠，叶似竹叶而有光泽，树形美观，是南方优良的庭荫树、行道树和城乡四旁绿化树种，也可在高大建筑物的避风稍荫处种植，小树亦可盆栽装点室内环境；叶片和树皮能常年散发缕缕丁香味，能分解多种有害废气，具有净化空气、抗污染和强烈驱蚊的效果。

柏木 *Cupressus funebris* Endl.

别名： 柏树 **科属：** 柏科·柏木属

形态： 针叶乔木。树姿端庄，树皮淡褐灰色；小枝细长下垂，绿色，较老的小枝圆柱形，暗褐紫色；鳞叶二型，先端锐尖，背部有棱脊；雄球花椭圆形或卵圆形，雌球花近球形；球果圆球形，种子宽倒卵状菱形或近圆形。

习性： 喜温暖湿润的气候条件，对土壤适应性广，尤以在石灰岩山地钙质土上生长良好，耐干旱瘠薄，也稍耐水湿；有充分光照生长良好，能耐侧方庇荫；主根浅细，侧根发达，抗风能力强；耐寒性较强，少有冻害发生。

分布： 主要分布于长江流域及以南地区，垂直分布于海拔 300~1000m。

应用： 我国特有树种，国家Ⅱ级重点保护野生植物，是宜林荒山绿化、疏林改造的先锋树种。由亚林所选育的柏木 1.5 代种子园良种在困难立地上生长良好，是富阳、淳安、建德等地区砂石立地和石灰岩山地的首选生态修复树种，为浙江省百万亩国土绿化重要造林树种。造林时间为 11 月下旬至翌年 3 月上旬。

侧柏 *Platycladus orientalis* (L.) Franco

别名： 扁柏 扁桧 **科属：** 柏科·侧柏属

形态： 常绿大乔木。树冠广圆形；树皮薄，浅灰褐色，薄片状剥离；叶枝直展，扁平，两面同形；雌雄同株，球花单生枝顶，花期 3—4 月；球果近卵圆形，果期 10—11 月。

习性： 喜光，幼时稍耐荫，适应性强，对土壤要求不严，在酸性、中性、石灰性和轻盐碱土壤中均可生长；耐干旱瘠薄，萌芽能力强，耐寒力中等，耐强太阳光照射，耐高温、浅根性，抗风能力较弱。

分布： 内蒙古南部、吉林、辽宁、河北、山西、山东、江苏、浙江、福建、安徽、江西、河南、陕西、甘肃、

四川、云南、贵州、湖北、湖南、广东北部及广西北部等地，西藏德庆、达孜等地有栽培。淮河以北、华北地区石灰岩山地、阳坡及平原多用于造林，在平地或悬崖峭壁上都能生长。

应用： 浅根性植物，但侧根发达，移栽成活率高，萌芽性强、耐修剪，抗烟尘，抗有害气体，为我国应用最普遍的观赏树木之一。可用于行道、庭园、大门两侧，绿地周围、路边花坛及墙垣内外，观赏性强；小苗可作绿篱，用于隔离带围墙。

圆柏 *Juniperus chinensis* Linnaeus

别名：红心柏 珍珠柏　**科属：**柏科·刺柏属

形态：常绿乔木。枝常向上直展，树冠幼时尖塔形、老树则成广卵形。叶二型：幼树或基部萌蘖枝上多为刺形叶；老树多为鳞形叶，交互对生，紧密贴生于小枝上。花期4月，雌雄异株；球果近圆球形，暗褐色，被白粉，翌年10—11月成熟，种子卵圆形，有棱脊。

习性：中性树种，喜光又较耐荫；适应性广，抗寒，耐干旱瘠薄，忌水湿；在酸性、中性、石灰质土壤上均能生长；深根性，生长速度中等，寿命可长达千余年；对多种有害气体有一定的抗性。

分布：我国东北南部及以南广大地区。

应用：圆柏树体挺拔，枝叶密集，苍翠葱郁，形态庄重，宜与宫殿式建筑相配合，或配植于陵园、甬道、园路旁，或在草坪中自然式丛植；也可用于公用建筑的庭园，常植于建筑北侧，绿化效果亦佳。

龙柏 *Juniperus chinensis* 'Kaizuca'

别名：铺地龙柏　**科属：**柏科·刺柏属

形态：常绿乔木。圆柏的栽培品种。树干通直，树冠呈狭圆柱状或柱状塔形；树皮黑褐色，有条片状剥落；侧枝螺旋状向上抱合；叶鳞状密生，紧贴于小枝，有的植株会长出少量刺形叶。

习性：阳性树种，喜光，稍耐荫；喜温暖、湿润环境，亦耐寒；抗干旱，忌积水，排水不良时易产生落叶或生长不良；对土壤酸碱度适应性强，稍耐盐碱；对二氧化硫和氯气抗性强，但对烟尘的抗性较差。

分布：华北南部及华东地区常见栽培。

应用：龙柏侧枝扭转旋上，树体似盘龙形，姿态优美，叶色四季苍翠。宜作丛植或行列栽植，亦可整修成球形或其他形状，或用小苗栽成色块；龙柏球可作盆栽，老桩可用于制作盆景。

1.2　落叶针叶乔木

金钱松　*Pseudolarix amabilis* (J. Nelson) Rehder

别名： 金松　**科属：** 松科·金钱松属

形态： 高大落叶乔木。树干通直，树皮粗糙，灰褐色，裂成不规则的鳞片状块片；叶条形，柔软，镰状或直，秋后叶呈金黄色，圆如铜钱，因而得名金钱松。

习性： 生长较快，喜光，喜生于温暖、多雨、土层深厚、肥沃、排水良好的酸性土山地；不喜石灰质土、盐碱土，不耐干旱和长期积水；初期稍耐荫蔽，后期需光性增强；适于年均温 15~18℃，绝对最低温度不到−10℃；抗火灾危害的性能较强；深根性，枝条坚韧，抗风力强；材质优良，天然更新能力较强，菌根性树种。

分布： 野生种在长江中下游地区海拔 100~1500m 地带散生于针叶树、阔叶树林中，个体稀少，亟待保护。浙西北天目山、浙东四明山区是我国两大分布中心。

应用： 与南洋杉、雪松、日本金松和巨杉并称为世界著名五大庭园景观树种；优良的山地和平原绿化树种；适宜在郁闭度中等、土壤湿润肥沃的山地林冠下孤立木补植、带状补植或林窗片植，也可在园林中列植或孤植。冬季落叶后至第二年萌发前造林，山地以 2~3 年生苗木造林最佳。

水杉　*Metasequoia glyptostroboides* Hu & W. C. Cheng

科属: 柏科·水杉属

形态: 高大落叶乔木。树干通直,树冠圆锥形;叶对生、线形,秋季叶片转黄褐色,冬季落叶。

习性: 阳性耐水湿速生树种;对土壤要求较严格,须土层深厚、疏松、肥沃,尤喜湿润,忌干旱;在地下水位过高、长期滞水的低湿地,也生长不良;有一定的抗盐碱能力,在含盐量0.2%的轻盐碱地上能正常生长;树高一致性强、生长迅速是水杉的主要优点。

分布: 我国特有珍贵树种。北至辽宁草河口、辽东半岛,南至广东广州,东至江苏、浙江,西至云南昆明、四川成都、陕西武功均有分布。

应用: 适栽植于村宅旁、路旁、水旁,是平原地区防护林带种植的优选树种。20世纪六七十年代广泛应用于行道树中,后期由于冬季落叶多而厚重,影响道路整治和安全,逐步向江河堤岸等水岸湿地种植。造林时间从晚秋到初春均可,以冬末为好,忌在土壤冻结的严寒时节和生长季节(夏季)栽植,否则成活率极低。

水松　*Glyptostrobus pensilis* (Staunt. ex D. Don) K. Koch

科属: 柏科·水松属

形态: 落叶或半常绿乔木。树冠圆锥形,树皮呈扭状长条浅裂,树干基部膨大,有屈膝状呼吸根;枝条稀疏,大枝平展或斜伸,枝绿色;叶有三型,线形叶扁平,生于幼树一年生小枝或大树萌芽枝上,常排成2列,线状锥形叶,生于大树的一年生短枝上,辐射伸展成3列状,鳞形叶小,螺旋状着生主枝上,冬季宿存;球花单生于枝顶,花期1—2月;球果倒卵形;种子椭圆形而微扁,褐色,基部有尾状长翅。

习性: 强阳性树种,极喜光,喜温暖湿润气候,不耐低温;根系发达,极耐水湿,在沼泽地呼吸根发达,在排水良好土壤则呼吸根不发达,干基也不膨大;土壤适应性强,唯忌盐碱土,最宜生长于富含水分的冲积土。

分布: 我国特有树种,原生种为我国国家重点一级保护野生植物、易危(IUCN标准)、极小种群,产于福建、江西、广东、广西、四川、云南等省区,现长江流域以南各地有栽培。

应用: 水松树形美观,最宜于河边、湖畔区低湿处栽植,若于湖中小岛群植数林,尤为雅致,亦可植于田埂作防风护堤之用。英国于19世纪末从我国引种栽培,常作为庭园珍品及盆栽观赏。

池杉　*Taxodium distichum* var. *imbricatum* (Nuttall) Croom

科属：柏科·落羽杉属

形态：高大落叶乔木。主干挺直，树冠尖塔形；树干基部膨大，通常有屈膝状的呼吸根；枝条向上形成狭窄的树冠，尖塔形，形状优美；叶钻形在枝上螺旋伸展。

习性：强阳性树种，不耐庇荫；喜深厚疏松湿润的酸性土壤；耐湿性很强，长期浸在水中也能较正常生长；稍耐寒，能耐短暂低温（-17℃）；幼苗种植在碱性土时黄化严重，生长不良，长大后抗碱能力增加；耐涝，也能耐旱；生长迅速，抗风力强；萌芽力强。

分布：原产于美国，20世纪初引种国内，现在长三角地区作为湿地、水网重要造树和园林树种。

应用：营造水中森林的优选树种，但整齐度不够，栽培生长性状仅次于水杉。冬季造林最佳，也可在春季2—3月间造林。

落羽杉　*Taxodium distichum* (L.) Rich.

科属：柏科·落羽杉属

形态：高大落叶乔木。树干圆满通直，幼树树冠圆锥形，成年树逐渐形成不规则宽大树冠；树形优美，羽毛状的叶丛极为秀丽，枝叶茂盛，冠形雄伟秀丽，入秋后树叶变为古铜色，落叶较迟，是优良的秋色观叶树种。

习性：强阳性树种，适应性强，能耐低温、干旱、涝渍和土壤瘠薄，耐水湿，能生于排水不良的沼泽地上；抗污染，抗台风，且病虫害少，生长快。

分布：原产于北美，主要分布于沿河沼泽地和每年有8个月浸水的河漫滩地，目前引种栽培在长江中下游地区的平原旱地及湖、河、水网地区。

应用：优美的庭园、道路绿化树种，滨水和旱地均适合栽植。造林时间从晚秋到初春均可，以冬末为好，忌严寒冻土期和生长季节（夏季）栽植。

1.3 常绿阔叶乔木

香樟 *Cinnamomum camphora* (Linn) Presl

别名: 樟树 **科属:** 樟科·樟属

形态: 常绿大乔木。树冠广卵形;枝、叶及木材均有樟脑气味;树皮黄褐色,有不规则的纵裂;叶互生,卵状椭圆形;年年开花结果,春末时节新叶完全长成时老叶自然脱落;树形巨大如伞,能遮荫避凉。

习性: 喜光,稍耐荫;喜温暖湿润气候,耐寒性不强,适于生长在有机质丰富、土层深厚的砂壤土和壤土,较耐水湿;主根发达,深根性,能抗风;怕涝,不耐干旱、瘠薄和盐碱土。

分布: 野生性状香樟主要分布于我国南方及西南各省份,主要培育繁殖基地在浙江、江苏、安徽等地,适应海拔高度在 1800m 以下,在长江流域以南及西南生长区域海拔可达 1000m。

应用: 树形雄伟壮观,四季常绿,树冠开展,枝叶繁茂,浓荫覆地,枝叶秀丽而有香气,耐短期水淹,萌芽力强,耐修剪,作为行道树、庭荫树、风景林、防风林和隔音林带的优良树种。对氯气、二氧化碳、氟等有毒气体的抗性较强,也是工厂绿化的好树种。木材坚硬美观,是制造家具的好材料;能驱蚊蝇,是生产樟脑的主要原料。一般在 3 月中旬至 4 月中旬,春季春芽苞将要萌动之前定植,在梅雨季节可以补植,秋季以 10 月底后移栽为宜。樟树是优良的山地造林和平原绿化树种。

浙江樟 *Cinnamomum chekiangense* Nakai

别名: 肉桂 **科属:** 樟科·樟属

形态: 常绿乔木。主干通直,树冠优美,枝条细弱,具香气;叶近对生或在枝条上部互生,卵圆状长圆形至长圆状披针形,革质,上面绿色、光亮。

习性: 幼年期耐荫,喜温暖湿润气候,在排水良好的微酸性土壤上生长最好,中性土壤亦能适应。平原引种应注意幼年期庇荫和防寒,在排水不良之处不宜种植;移植时必须带土球,还需适当修剪枝叶。对二氧化硫抗性强。

分布: 我国东南部(中亚热带常绿、落叶阔叶林区)。生于低山或近海的常绿阔叶林中,海拔 300~1000m。

应用: 其长势强,树冠扩展快,常被用作行道树或庭园树种栽培。目前在浙江也用于造林,2—4 月造林为宜。

浙江楠 *Phoebe chekiangensis* C. B. Shang

科属：樟科·楠属

形态：常绿乔木。树体高大通直，端庄美观，树皮淡褐黄色，薄片状脱落；小枝有棱，密被黄褐色或灰黑色柔毛或绒毛；叶革质，倒卵状椭圆形或倒卵状披针形；圆锥花序，果椭圆状卵形。

习性：耐荫，喜温暖湿润，最适生为微酸性红黄壤，壮龄期要求适当的光照条件，具有深根性，抗风强。

分布：分布于浙江、福建和江西等地区海拔 1000m 以下的丘陵低山沟谷地或山坡林中。

应用：渐危种。木材坚韧，结构致密，有光泽和香气，是楠木类中材质较佳的一种，是浙江省重点推荐的山地造林珍贵树种。园林应用中宜作庭荫树、行道树或风景树，或在草坪中孤植、丛植，也可在大型建筑物前后配置，在公园绿地中可与其他落叶树种配置使用，秋冬季绿荫片片，形成独特的楠林景观，具有较高的观赏价值。造林时间秋末或春季均可。

紫楠 *Phoebe sheareri* (Hemsl.) Gamble

别名：金丝楠　**科属：**樟科·楠属

形态：常绿大灌木至乔木。树形端正美观，树皮灰白色，小枝、叶柄及花序密被黄褐色或灰黑色柔毛或绒毛；叶革质，倒卵形、椭圆状倒卵形或阔倒披针形；圆锥花序，花卵形；果卵形。

习性：耐荫树种，喜温暖湿润气候及深厚、肥沃、湿润而排水良好的微酸性及中性土壤，有一定的耐寒能力；深根性、萌芽性强，生长较慢。

分布：广泛分布于长江流域及其以南和西南各省，多生于海拔 1000m 以下的阴湿山谷和杂木林中。

应用：重点保护物种，病虫害少，树木高大、端正，叶大荫浓，是园林绿化、庭园观赏树种。有较好的防风、防火效能，可栽作防护林带。木材坚硬、耐腐，是建筑、造船、家具等良材，是浙江重点推荐的山地造林珍贵树种。造林时间秋末或春季均可。

桢楠 *Phoebe zhennan* S. Lee et F. N. Wei

科属：樟科·楠属

形态：常绿大乔木。树木高大，树干通直；幼枝有棱，叶长圆形、长圆状倒披针形或窄椭圆形；圆锥花序腋生，被短柔毛，椭圆形，果序被毛；核果椭圆形或椭圆状卵圆形，成熟时黑色。

习性：喜温暖湿润，喜土层深厚疏松，在排水良好、中性或微酸性的壤质土壤上生长尤佳。深根性树种，根部有较强的萌生力，能耐间歇性的短期水浸。寿命长，病虫害少，能生长成大径材。

分布：分布于亚热带常绿阔叶林区。适生于气候温暖、湿润、土壤肥沃的地方，特别是在山谷、山洼、阴坡下部及河边台地。

应用：国家二级保护植物，我国特有树种。其生长缓慢，成为栋梁材要上百年，材质上乘，又称"金丝楠"，古为皇家用材。山地造林重点推荐树种，造林时间应选择1月中旬至2月中旬。

闽楠 *Phoebe bournei* (Hemsl.) Yang

别名：竹叶楠 兴安楠木　**科属：**樟科·楠属

形态：常绿大乔木。树干端直，树冠浓密，树皮淡黄色，呈片状剥落；小枝有柔毛或近无毛，冬芽被灰褐色柔毛；叶革质，披针形或倒披针形，圆锥花序生于新枝中下部叶腋，紧缩不开展，被毛。果椭圆形或长圆形；花期4月，果期10—11月。

习性：幼苗耐荫，忌强光，闽南生长较缓慢，对立地条件要求较高，喜土层深厚、腐殖质含量高、空气湿度较大的土壤，以山区半阴坡山腰中下部、沟谷两侧或河边台地种植为宜。

分布：分布于江西、福建、浙江、广东、广西北部及东北部、湖南、湖北、贵州东南及东北部，野生的多见于山地沟谷阔叶林中，其他地区亦有栽培。

应用：木材芳香耐久，淡黄色，有香气，材质致密坚韧，不易反翘开裂，加工容易，削面光滑，纹理美观，为上等建筑家具，见于古老的建筑中，经久不腐，干形通直。中国珍贵用材树种，生长较慢，楠杉混交可以提高林分生产力及单位面积产量。造林时间应选择1月中旬至2月中旬。

刨花楠　*Machilus pauhoi* Kanehira

别名：刨花润楠　**科属**：樟科·润楠属

形态：常绿乔木。树形整齐美观，树冠浓密；叶互生或近对生，常聚生于枝端，长圆状披针形或椭圆形，枝叶翠绿，嫩叶嫩枝呈粉红色（或红棕色）；花被筒倒锥形，黄绿色，花穗大；果球形。花期4—5月，果期6—7月。

习性：深根性偏阴树种，幼年喜阴耐湿，幼苗生长缓慢，中年喜光喜湿，生长迅速。适应性强，海拔800m以下土层深厚的山地黄壤都适宜其生长，中性或微酸性的土壤，特别是在疏松、湿润、肥沃、排水良好的山脚和山沟边生长更快。

分布：分布于江西、浙江等亚热带地区，垂直分布于海拔800m以下。

应用：既是优良的山地珍贵造林树种，也是优美的园林庭园观赏树。喜生于气候温暖、肥沃、湿润的丘陵地和山地的山谷疏林中，或密林的林缘以及村前屋后，常与樟树、栲树、苦槠、甜槠、香叶树等混生。适宜在3月造林，不宜过早。

苦槠　*Castanopsis sclerophylla* (Lindl. et Paxton) Schottky

别名：苦槠栲　槠栗　血槠　**科属**：壳斗科·锥属

形态：常绿乔木。树冠圆球形，树皮暗灰色，浅纵裂；枝具顶芽，芽鳞多数，小枝绿色，无毛，常有棱沟；叶长椭圆形，中部以上有锯齿，叶背面有灰白色或浅褐色蜡层，革质，螺旋状排列；花期4—5月；10—11月果熟，壳斗杯形，坚果褐色。

习性：阳性植物，喜光，幼树耐荫；喜温暖湿润气候、中性和酸性土壤；深根性，耐干旱瘠薄。

分布：分布于长江中下游以南各省区、海拔1000m以下山地杂木林中。

应用：枝叶浓密，常年绿茂，可作为庭荫树或境界树；并有防风、避火作用，可作防风林、针阔混交林或水源涵养林。

青冈 *Quercus glauca* Thunb.

别名： 青冈栎　**科属：** 壳斗科·栎属

形态： 常绿乔木。树皮平滑不裂，小枝青褐色；叶片革质，长椭圆形或倒卵状椭圆形；坚果卵形、长卵形或椭圆形。花期4—5月，黄绿色，果期10月。因它的叶子会随天气的变化而变色，所以称之为"气象树"。

习性： 幼龄稍耐侧方庇荫。喜生于微碱性或中性的石灰岩土壤上，在酸性土壤上也生长良好。深根性直根系，耐干燥，可生长于多石砾的山地。萌芽力强，可采用萌芽更新。

分布： 我国分布最广的亚热带树种之一。生于海拔60~2600m的山坡或沟谷，组成常绿阔叶林或常绿阔叶与落叶阔叶的混交林。

应用： 树叶在雨前遇上强光闷热天变红，雨过天晴树叶又呈深绿色。农民可根据这个信息，预报气象，安排农活。青冈是良好的园林观赏和山地造林珍贵树种，可与其他树种混交成林，或作境界树、背景树，也可作四旁绿化、工厂绿化、防火林、防风林、绿篱、绿墙等树种。1—2月造林为宜。

其中**赤皮青冈**（*Quercus gilva* Blume）树干通直、高大挺拔，叶背被灰黄色星状短绒毛，在太阳光下金光熠熠；生长较快、适应性强，根系深，根部有较强的萌生力，能耐间歇性的短期水浸，寿命长，病虫害少，在海拔300~800m的山地皆能生长，在中性或微酸性的壤质土壤上生长尤佳，与松杉混交效果好，是理想的生态修复树种。

杜英 *Elaeocarpus decipiens* Hemsl.

别名： 山杜英　**科属：** 杜英科·杜英属

形态： 常绿乔木。叶革质，披针形或倒披针形，边缘有小钝齿，秋冬至早春部分树叶为绯红色，红绿相间，鲜艳悦目；总状花序多生于叶腋，花序轴纤细，花白色，花期为6—7月。

习性： 喜温暖潮湿环境，耐寒性稍差；稍耐荫；喜排水良好、湿润、肥沃的酸性土壤，适生于酸性的黄壤和红黄壤山区，若在平原栽植，必须排水良好，生长速度中等偏快；对二氧化硫抗性强；根系发达，萌芽力强，耐修剪。

分布： 原产于我国南部，现分布于长江流域及以南地区；生长于海拔400~700m的林中。

应用： 长江中下游以南地区多作为行道树、园景树，广为栽种；树皮较薄，易受日灼致病，建议密植、丛植或混交种植，树冠间能相互侧方荫蔽主干。春季是最佳造林季节。

木荷 *Schima superba* Gardn. et Champ.

别名: 荷木柴 　**科属:** 山茶科·木荷属

形态: 常绿乔木。树干通直,树冠高大;嫩枝通常无毛,叶革质或薄革质,椭圆形,叶子浓密;花生于枝顶叶腋,常多朵排成总状花序,白色,夏天开白花,芳香四溢。花期为6—8月。

习性: 喜光,幼年稍耐庇荫;适应亚热带气候,分布区年降水量1200~2000mm,年平均气温15~22℃;对土壤适应性较强,酸性土如红壤、红黄壤、黄壤上均可生长,但以在肥厚、湿润、疏松的砂壤土生长良好;萌芽力强,易天然下种更新。

分布: 盛产于亚热带气候的浙西南山区。

应用: 一种优良的山地造林绿化、用材树种以及营造森林生物防火隔离带的优良防火树种。树形优美,花开芳香,也可用于园林绿化。造林季节以大寒至立春苗木萌芽前最佳。

花榈木 *Ormosia henryi* Prain

科属: 豆科·红豆属

形态: 常绿乔木。树皮灰绿色,平滑,有浅裂纹;小枝、叶轴、叶柄、花序密被绒毛;奇数羽状复叶,革质,椭圆形或长圆状椭圆形,叶缘微反卷;圆锥花序顶生,或总状花序腋生;种子椭圆形或卵形,种皮鲜红色。花期7—8月,果期10—11月。

习性: 喜温暖,但有一定的耐寒性。对光照的要求有较大的弹性,全光照或阴暗处均能生长,但以明亮的散射光为宜。喜湿润土壤,忌干燥。

分布: 分布于长江以南地区,适生于海拔600m以下的荒山荒地和采伐迹地的阳坡、半阳坡。

应用: 木材优良,是红木的一种,浙江山地造林推荐珍贵树种。1—2月造林为宜。

冬青 *Ilex chinensis* Sims

别名：红果冬青　**科属：**冬青科·冬青属

形态：常绿乔木或灌木。树形优美，树皮灰黑色，有纵沟，小枝淡绿色，无毛；叶薄革质，狭长椭圆形或披针形，顶端渐尖，基部楔形，边缘有浅圆锯齿，干后呈红褐色，有光泽；聚伞花序或伞形花序，花瓣紫红色或淡紫色，向外反卷；果实椭圆形或近球形，成熟时呈深红色。

习性：喜温暖气候，有一定耐寒力；适生于肥沃湿润、排水良好的酸性土壤；较耐阴湿，萌芽力强，耐修剪；对二氧化硫等有毒气体具有抗性，对环境要求不严格。

分布：分布于秦岭南坡、长江流域及其以南广大地区。常生于山坡杂木林中，自然生长于海拔500~1000m的山坡常绿阔叶林中和林缘。

应用：枝繁叶茂，红果挂枝头极具观赏价值，是公园篱笆绿化首选苗木，多被种植于庭园作美化用途，也可应用于公园、庭园、绿墙和高速公路中央隔离带。移栽成活率高，恢复速度快。

女贞 *Ligustrum lucidum* Ait.

别名：冬青树　**科属：**木樨科·女贞属

形态：常绿灌木或乔木。树形整齐，枝叶茂密，树皮灰褐色；叶片常绿，革质，卵形、长卵形或椭圆形至宽椭圆形；果肾形或近肾形，深蓝黑色，成熟时呈红黑色，被白粉；花期5—7月，果期7月至翌年5月。

习性：耐寒性好，能耐−12℃的低温，耐水湿，喜温暖湿润气候，喜光耐荫；为深根性树种，须根发达，生长快，萌芽力强，耐修剪，但不耐瘠薄；对大气污染的抗性较强；对土壤要求不严，以砂质壤土或黏质壤土栽培为宜，在红、黄壤土中也能生长。

分布：亚热带树种，广泛分布于长江流域及以南地区，自然生长于海拔2900m以下疏、密林中。

应用：适应性强，是常用观赏树种，可于庭园孤植或丛植，或作为行道树、绿篱等，是园林绿化中应用较多的乡土树种。造林时间在早春1—2月或3月上旬。

银荆树 *Acacia dealbata* Link

别名：澳大利亚金合欢绒花树　**科属：**豆科·金合欢属

形态：常绿大乔木。树干通直，树皮灰绿或灰色；二回偶数羽状复叶，小叶线形，银灰色或浅灰蓝色；1—4月开花，头状花序，小花簇生，花黄色，有香气；荚果长带形，果皮暗褐色，密被绒毛；种子卵圆形，10—11月成熟，呈黑色，有光泽。

习性：强阳性树种，树冠具趋光性，在幼龄期即需要充足光照；适生于凉爽湿润的亚热带气候，能耐-7℃的低温，抗寒力优于黑荆等树种；对土壤要求不严，喜酸性至微酸性壤土或砂壤土，在过于黏重和排水不良的土壤上生长不良；有较强的耐旱能力，但在山坡中下部或谷地生长更好。

分布：原产澳大利亚东南部的维多利亚、新南威尔士和塔斯马尼亚州，现我国长江流域以南地区有引种栽培。

应用：枝繁叶茂，叶形独特，四季银翠，树形优美，适宜于公园、庭园绿化，可列植作行道树，或在庭园中以孤植、丛植布置；由于其耐旱能力强，还适作荒山绿化先锋树及水土保持树种。

桂花 *Osmanthus fragrans* (Thunb.) Lour.

别名：木樨　八月桂　**科属：**木樨科·木樨属

形态：常绿乔木或灌木。树皮灰褐色，小枝黄褐色，无毛；叶片革质，对生，椭圆形、长椭圆形或椭圆状披针形，质坚皮薄；聚伞花序簇生于叶腋，或近于扫帚状，每腋内有花多朵，花冠合瓣四裂，形小，花冠黄白色、淡黄色、黄色或橘红色；果歪斜，椭圆形，长1~1.5cm，呈紫黑色。花期9—10月上旬，果期翌年3月。

园林常用栽培变种有：

金桂（var.*thunbergii* Makino）：花金黄色至深黄色，香气浓郁，一般不结果。

银桂（var.*latifolius* Makino）：花近白色或黄白色，香气较浓，一般不结果。

丹桂（var.*aurantiacus* Makino）：花橘红色或橙黄色，香味较淡，一般不结果。

四季桂（var.*semperflorens* Hort.）：花黄白色，香味淡，一年多次开花，一般不结果。

习性：喜光，喜温暖湿润；抗逆性强，既耐高温，也较耐寒；畏淹涝积水，对土壤的要求不太严苛，除碱性土和低洼地或过于黏重、排水不畅的土壤外，一般均可生长，但以土层深厚、疏松肥沃、排水良好的微酸性砂质壤土最为适宜。

分布：我国西南等地均有野生桂花生长，现广泛栽种于淮河流域及以南地区，浙江全省均有栽种。

应用：主干端直，树冠圆整，四季常青，金秋时节花香诱人，是我国传统十大名花之一。在园林中常作庭荫树、园景树，孤植、对植、列植、丛植无不相宜；且对有害气体有一定的抗性，也是工矿厂区绿化的优良树种；是集绿化、美化、香化于一体的观赏与实用兼备的优良园林树种。春季造林为宜。

广玉兰 *Magnolia grandiflora* Linn.

别名： 荷花玉兰　**科属：** 木兰科·木兰属

形态： 常绿乔木。树姿雄伟壮丽，树冠呈卵状圆锥形，小枝和芽均有锈色绒毛；叶厚革质，叶背被锈色绒毛，表面有光泽，边缘微反卷，叶阔荫浓；花大，呈现白色或浅黄色，清香，花似荷花芳香馥郁；种子外皮红色；花期5—7月，果期9—10月。

习性： 喜光，而幼时稍耐荫；喜温暖湿润气候，有一定抗寒能力；适生于干燥、肥沃、湿润与排水良好的微酸性或中性土壤，在碱性土种植易发生黄化，忌积水、排水不良；对烟尘及二氧化硫气体有较强抗性，病虫害少；树冠沉重，易受台风和暴雪压断。

分布： 原产南美洲、北美洲以及我国的长江流域及以南地区，浙江各地均有栽培。

应用： 适应性强，耐烟抗风，对有毒气体有较强抗性；可孤植、对植、丛植或群植配置，也可作行道树；优良环保庭园树，适合厂矿绿化。较难移栽，大树移栽以1月下旬至2月早春为宜，以雨天最佳。

乐昌含笑 *Michelia chapensis* Dandy

科属： 木兰科·含笑属

形态： 常绿乔木。树干通直，树冠圆锥状塔形，树皮灰色至深褐色；叶薄革质，倒卵形、狭倒卵形或长圆状倒卵形，四季深绿；花被片6片，淡黄色，外轮倒卵状椭圆形，内轮较狭，花白色多又芳香；聚合蓇葖果长圆体形或卵圆形；花期3—4月，果期8—9月。

习性： 喜温暖湿润气候，生长适宜温度为15~32℃，能抗41℃的高温，亦能耐寒；喜光，但苗期喜偏阴；喜土壤深厚、疏松、肥沃、排水良好的酸性至微碱性土壤；能耐地下水位较高的环境，在过于干燥的土壤中生长不良；一般在山坡中下部及山谷两侧生长较好，而山脊、山坡上部生长较差。

分布： 原产于江西、湖南、贵州、广东、广西等地，浙江当地有大量栽培，自然生长在海拔500~1500m的常绿阔叶林中。

应用： 景观效果好，在城镇庭园中单植、列植或群植均有良好的景观效果，亦可作为风景树及行道树在园林中推广应用。造林时间宜为早春1—2月或3月上旬。

深山含笑　*Michelia maudiae* Dunn

科属：木兰科·含笑属

形态：常绿乔木。树形美观，树皮薄、浅灰色或灰褐色平滑不裂；叶互生，革质深绿色，叶背淡绿色，长圆状椭圆形；早春白花满树，花被片9片，纯白色，基部稍呈淡红色，外轮的倒卵形，花大有清香；聚合蓇葖果长圆体形、倒卵圆形、顶端圆钝或具短突尖头，种子红色，斜卵圆形；花期2—3月，果期9—10月。

习性：喜温暖湿润环境，有一定耐寒能力；喜光，幼时较耐荫；自然更新能力强，生长快，适应性广；抗干热，对二氧化硫的抗性较强；喜土层深厚、疏松、肥沃而湿润的酸性砂质土；根系发达，萌芽力强。

分布：原产于中国，主要分布在浙江、福建等地。

应用：生长快、材质好、适应性强，有较高的观赏和经济价值；可在园林中孤植、群植配置，也可作行道树，亦可作为山地造林的混交观花树种。造林时间宜在早春1—2月或3月上旬。

木莲　*Manglietia fordiana* Oliv.

别名：乳源木莲　　**科属：**木兰科·木莲属

形态：常绿乔木。树干通直，树冠浓郁优美，树皮灰褐色；叶狭倒卵形、狭椭圆状倒卵形，或倒披针形，上面深绿色，下面淡灰绿色，四季翠绿；花被薄革质，倒卵状长圆形，花如莲花，色白清香；聚合果卵圆形，熟时褐色。花期5月，果期10月。

习性：喜温暖湿润气候，偏阴性，幼树耐荫，天然更新良好，适宜在土层深厚、湿润、肥沃或排水良好的酸性黄壤土上生长。

分布：原产于我国长江中下游地区，主要分布于安徽（黄山）、浙江南部、江西等地，自然生长在海拔1300m以下沟谷台地、山沟中下部的山坡，常与红楠、杜英、木荷、槠栲类等常绿阔叶林混生。

应用：优良庭园观赏和四旁绿化树种。移栽造林宜在早春1—2月或3月上旬。

红花木莲 *Manglietia insignis* (Wall.) Blume

别名: 红色木莲　**科属:** 木兰科·木莲属

形态: 常绿乔木。小枝无毛或幼嫩时在节上被锈色或黄褐毛柔毛; 叶革质, 倒披针形, 长圆形或长圆状椭圆形, 先端渐尖或尾状渐尖, 上面无毛, 下面中脉具红褐色柔毛或散生平伏微毛; 花芳香, 花梗粗壮, 直立, 乳白色染粉红色; 聚合果鲜时紫红色, 具乳头状突起。花期5—6月, 果期8—9月。

习性: 喜温暖湿润、冬暖夏凉的气候, 较耐荫, 喜肥沃、深厚的偏酸性壤土; 稍耐低温, 不耐干旱; 幼苗在夏季需遮荫, 冬季要防寒; 深根性, 须根少, 移植要带土球。

分布: 原产于湖南西南部、广西、四川西南部、贵州(雷公山、梵净山、安龙)、云南(景东、无量山、红河、文山)、西藏东南部。生于海拔900~1200m的林间。尼泊尔、印度东北部、缅甸北部也有分布。

应用: 花色美丽, 可作庭园观赏树种, 木材为家具等优良用材。适用于公园、庭园绿化, 可列植为行道树, 孤植于窗前屋后稍蔽荫的地方, 也可在草坪边缘丛植或群植配置。

乐东拟单性木兰 *Parakmeria lotungensis* (Chun et C. Tsoong) Law

科属: 木兰科·拟单性木兰属

形态: 常绿乔木。树干通直, 树皮灰白色; 叶厚革质, 狭倒卵状椭圆形、倒卵状椭圆形或狭椭圆形, 叶色亮绿, 春天新叶深红色; 花浅黄色, 倒卵状长圆形, 初夏开白花清香远溢; 聚合果卵状长圆形体或椭圆状卵圆形, 秋季果实红艳夺目, 且对有毒气体有较强的抗性; 花期4—5月, 果期8—9月。

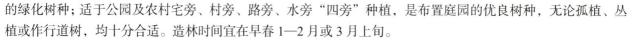

习性: 生长迅速, 适应性强; 喜温暖湿润气候, 能抗41℃的高温和耐−12℃的严寒; 喜土层深厚、肥沃、排水良好的土壤, 在酸性、中性和微碱性土壤中都能正常生长。

分布: 多分布于我国南方, 生于海拔700~1400m处的温湿常绿阔叶林中。

应用: 我国独有物种, 国家三级保护植物。花形美丽, 略有香味, 是优良的绿化树种; 适于公园及农村宅旁、村旁、路旁、水旁"四旁"种植, 是布置庭园的优良树种, 无论孤植、丛植或作行道树, 均十分合适。造林时间宜在早春1—2月或3月上旬。

杨梅 *Morella rubra* Lour.

科属： 杨梅科·杨梅属

形态： 常绿乔木。树冠圆球形；叶革质，深绿色，长椭圆状或楔状披针形，边缘中部以上具稀疏的锐锯齿；花雌雄异株；核果球状，外表面具乳头状凸起，多汁液及树脂，味酸甜，成熟时深红色或紫红色；核为阔椭圆形或圆卵形；花期4月开花，果期6—7月。

习性： 喜酸性土壤，但抗寒能力比柑橘、枇杷强；树性强健，易于栽培，根系分布广，在海拔低于800m，坡度小于45°，腐殖质层厚，pH值4.5~5.5的酸性黄壤和红黄壤，向阴通风的山地和丘陵生长良好；在光辐射较大、热量充分、冬春季积温较高、夏秋降水分布适度偏少的小气候条件下，丰产性更显著。

分布： 主要分布在长江流域以南、海南岛以北，即北纬20°~31°，自然生长在海拔125~1500m的山坡或山谷林中，在浙江广泛栽培。

应用： 我国江南的著名水果。在浙江主产地有黄岩、兰溪、余姚、慈溪、仙居等地，是园林绿化结合生产的优良树种，孤植、丛植于草坪庭园，或列植于路边都很合适；在山地造林中作为生态防火树种应用。栽植时间宜在早春，即2月下旬至3月中旬。

1.4 落叶阔叶乔木

银杏 *Ginkgo biloba* L.

别名： 白果树 公孙树　　**科属：** 银杏科·银杏属

形态： 高大落叶乔木。实生树树干通直，树冠为纺锤形、椭圆形或伞形；嫁接树无中心主干，树冠形成三或四挺身侧枝，呈自然开心形；叶片扇形，先端常凹缺；叶片一般在10月下旬开始转为金黄色，深秋季节满树金黄，极具观赏价值，10月下旬至12月中旬为最佳观赏期；种子椭圆形，熟时黄、橙色。

习性： 阳性树种，幼树稍耐荫，喜温凉湿润气候；适生于疏松、肥沃、排水良好的酸、中性土壤，忌干旱、瘠薄、积水和盐碱土；深根性树种，寿命长，萌芽力强，耐火、抗风、抗雪压。其材质优良，景观效果突出。

分布： 野生性状银杏原分布于浙江西南山区，适生于亚热带季风区，20世纪六七十年代开始在全国各地广泛栽培引种。

应用： 叶、果可供药用，是山地和平原绿化的优选树种，广泛应用在行道树和城镇、乡村园林绿化；实生苗比嫁接苗挺拔、寿命长、生命力更旺盛，对环境适应力和抵抗力更强；嫁接苗开花结果早，但产果量大，用于行道树时落果会影响道路环境和行人安全。秋季落叶后一周左右（11月中下旬）至春季发芽前半个月左右（3月中下旬）移栽银杏树成活率较高。

鹅掌楸 *Liriodendron chinense* (Hemsl.) Sarg.

别名： 马褂木 **科属：** 木兰科·鹅掌楸属

形态： 落叶大乔木。树干挺拔，树皮灰色，老时交错纵裂；小枝灰色或灰褐色，具环状托叶痕；单叶互生，形似马褂，先端截形或微凹。花两性，单生枝顶，杯形，黄绿色，花期4—5月，果期9—10月；种子聚合果纺锤形。

常用同属杂交品种：

杂交马褂木（*Liriodendron chinense × tulipifera*）：由南京林业大学著名林木育种专家叶培忠教授于1963年以我国鹅掌楸为母本、北美鹅掌楸为父本杂交选育而成。其树形、叶、花皆与鹅掌楸相似，但生长势与抗逆性均明显优于鹅掌楸。现广泛种植于华北以南广大地区，其中"杂交马褂木之王"生长于我国林科院亚热带林业研究所办公楼前（杭州富阳）。

习性： 阳性树种，喜光；深根性，耐干旱，耐寒性强；遇−20℃的低温不受冻害；在排水良好的酸性或微酸性土壤上生长良好，生长快，抗性强，病虫害少，寿命较长。

分布： 分布于我国长江流域以南各省份以及越南北部，现华北地区园林中也有栽培应用。

应用： 鹅掌楸与杂交马褂木树形高大，树冠圆整，枝叶繁茂，绿荫如盖，春末夏初满树绿叶黄花，叶奇花美，蔚为壮观。宜作庭荫树与行道树，亦可丛植、群植于公园草坪角隅及街坊绿地；其对有害气体的抗性较强，也是工矿厂区绿化的良好树种。长江流域以南地区可在11月中下旬至12月和翌年3月完成造林，最适于2—3月造林。

白玉兰 *Yulania denudata* (Desr.) D. L. Fu

别名： 木兰 山玉兰 **科属：** 木兰科·玉兰属

形态： 落叶乔木。枝广展，呈阔伞形树冠，树皮灰色；揉枝叶有芳香，嫩枝及芽密被淡黄白色微柔毛，老时毛渐脱落；叶薄革质，长椭圆形或披针状椭圆形，先端长渐尖或尾状渐尖，基部楔形，干时两面网脉均很明显；先花后叶，花白色，直立，极香；花被片9片，披针形；聚合蓇葖果疏生，熟时鲜红色。花期4—9月，夏季盛开，通常不结实。

习性： 喜温暖湿润气候和肥沃疏松的土壤，喜光；不耐干旱，也不耐水涝，根部受水淹2~3天即枯死。对二氧化硫、氯气等有毒气体比较敏感，抗性差。

分布： 分布于上海、江西（庐山）、浙江（天目山）、湖南（衡山）、贵州等地，现世界各地庭园常见栽培，上海市市花。

应用： 玉兰花中开白色花的品种。白玉兰花洁白、美丽且清香，早春开花时犹如雪涛云海，蔚为壮观；亦可在庭园路边、草坪角隅、亭台前后或漏窗内外、洞门两旁等处种植，孤植、对植、丛植或群植均可。以早春发芽前10天或花谢后展叶前栽植最为适宜。

飞黄玉兰 *Yulania denudata 'Fei Huang'*

别名：黄花木兰 黄玉兰 　**科属：**木兰科·玉兰属

形态：飞黄玉兰是从白玉兰中选育芽变枝，经多代无性繁殖，稳定性良好。落叶乔木；花期3月下旬至4月下旬，金黄色，稍有香味；果期9—10月。

习性：阳性树种，喜光，喜暖热湿润气候，稍耐寒；喜酸性土壤，不耐干旱，忌积水；花期迟，易结果，一般2~3年生嫁接苗即可开花结果。

分布：20世纪90年代在浙江选育而成，目前全国各地有零星栽培。

应用：飞黄玉兰是木兰属中珍贵的观赏树木。其花可供观赏、闻香及作为妇人头饰，亦可提取香料。在园林中可列植、丛植、群植配置，与开红花的树种搭配，美化效果更佳。

枫香 *Liquidambar formosana* Hance

别名：枫疙瘩 枫树 　**科属：**蕈树科·枫香树属

形态：高大落叶乔木。树冠宽卵形，树皮上偶有木质瘤状凸起，树液具芳香，树皮灰褐色，方块状剥落；叶阔卵形，单叶互生，掌状3裂，秋季叶片转红至褐色，红绿相间，色彩美丽；头状果序球形，木质；种子多数，褐色，多角形或有窄翅；花期3—4月，果期10月。因其似枫树而有香味取名为枫香树。

习性：喜温暖湿润气候，喜光，幼树稍耐荫；耐干旱瘠薄土壤，不耐水涝，在湿润肥沃而深厚的红黄壤土上生长良好；深根性，主根粗长，抗风力强，不耐移植及修剪；不耐寒，不耐盐碱。次生林的优势种，萌生力极强。木材稍坚硬，可制家具及贵重商品的装箱。

分布：广泛分布于浙西南地区山地，造林中多见于海拔200~1500m的森林和低山次生林中混交，平原地带多种植在村落附近、房前屋后。

应用：浙西山区营造彩色森林的首选树种。具有耐火性和对有毒气体具有抗性，目前也广泛应用于行道，孤植或数株群植于草坪、坡地、池畔，或与常绿树种和秋叶树种搭配栽植，形成色彩亮丽、层次丰富的秋景。不耐修剪，大树移植较困难。造林最佳时间为3月中上旬。

北美枫香 *Liquidambar styraciflua* L.

别名：胶皮枫香树 **科属：**蕈树科·枫香树属

形态：落叶大乔木。干性挺直，株形伟岸，幼年树冠塔状，成年后广卵形，枝上长有木质翅；春夏叶色暗绿，秋季叶色有黄色、紫色或红色多色混合，深秋叶变为红色，比枫香的秋叶更鲜艳夺目，落叶晚，在部分地区叶片挂树直到次年 2 月。

习性：阳性树种，喜光；喜温暖湿润气候和深厚湿润的酸性或中性土壤，耐干旱瘠薄，不耐长期水湿；对氯气、二氧化硫的抗性较强，并有较强的耐火性和抗风力。

分布：原产于北美洲，在美国东南部有大量分布。

应用：10月上旬秋叶色泽始红，渐五彩斑斓，艳丽醉人，为欧美园林树种，也作为行道树。国内引种后被广泛应用于行道树、公园绿地和风景区等场所；孤植、丛植、群植均相宜，干燥沙地都能生长，同样适合作用材林、防护林和湿地生态林。

二球悬铃木 *Platanus acerifolia* (Aiton) Willd.

别名：法国梧桐 英国梧桐 **科属：**悬铃木科·悬铃木属

形态：落叶大乔木。树冠开展，树皮光滑美观，薄片状剥落；叶大，阔卵形，有分裂，全缘或疏具锐齿，亮绿色；果序球状，成串，秋季悬挂于枝上。

习性：喜光不耐荫，生长迅速，成荫快，喜温暖湿润气候；对土壤要求不严，耐干旱、瘠薄，亦耐湿；极耐寒，能耐-15℃低温；根系浅易风倒，萌芽力强，耐修剪；抗烟尘、硫化氢等有害气体，易成活。

分布：三球悬铃木（法国梧桐）与一球悬铃木（美国梧桐）的杂交种，原产欧洲，久经栽培，因其生长迅速、株型美观、适应性较强等特点广泛分布于全球的各个城市，我国各地均有引种。

应用：世界著名的城市绿化树种、优良庭荫树和行道树，有"行道树之王"之称。冬季落叶后、春季叶萌芽前种植为宜。

毛白杨 *Populus tomentosa* Carr.

别名： 大叶杨　**科属：** 杨柳科·杨属

形态： 落叶大乔木。树冠宽圆锥形，树皮幼时青白色，皮孔菱形，老年树皮纵裂；嫩枝灰绿色，密被灰白色绒毛。长枝叶三角状卵形，先端渐尖，基部心形，缘具缺刻或锯齿，表面光滑或稍有毛，背面密被白绒毛，叶柄扁平，先端常具腺体；短枝叶三角状卵圆形，缘具波状，叶柄常无腺体。雌雄异株，柔荑花序，雄花序长条状圆柱形，悬垂于枝条，花期 3—4 月，花先于叶前开放；蒴果小三角形，果熟期 6—7 月。

同属常用栽培种：

加拿大杨（*Populus* × *Canadensis* Moench）：美洲黑杨与欧洲黑杨的杂交种，小枝在叶柄下具 3 条棱脊，叶柄扁长，叶近正三角状卵形。

习性： 阳性树种，喜光，生长快速，树干挺直；喜温暖湿润环境，亦耐寒；喜肥沃、深厚的砂质土，对杨树褐斑病和硫化物具有较强的抗性。

分布： 我国特有树种，北起辽南，南达江浙，西至陇东均有广泛栽植。

应用： 常用播种、扦插、压条等法繁殖。毛白杨树干耸立，枝条开展，叶密荫浓，生长快速，宜作背景树、绿荫树和行道树，也是工厂绿化、防护林、纸浆林和用材林的优良树种。

垂柳 *Salix babylonica* L.

别名： 水柳　倒杨柳　**科属：** 杨柳科·柳属

形态： 落叶乔木。树冠广卵形；树皮粗糙，灰褐色，深裂；小枝细长下垂，单叶互生，长披针形，缘有细锯齿；花期 3—4 月，雌雄异株；4—5 月果熟，种子细小，外披白色柳絮。

习性： 阳性树种，喜光，喜温暖湿润气候，亦较耐寒；根系发达，适应性强，耐水湿，亦能生长于土层深厚之高燥地带；萌生力强，生长迅速。

分布： 主要分布于长江流域及以南各省份的平原地区，华北亦有栽培；亚洲、欧洲及美洲许多国家都有悠久的栽培历史。

应用： 枝条细长下垂，随风飘舞，姿态优美，常植于河、湖、池边点缀园景，柳条拂水，倒影叠叠，别具风趣；也可作行道树和护堤树，与花桃相配尤为合宜，初春时节形成"桃红柳绿"之美景。

枫杨　*Pterocarya stenoptera* C. DC.

别名：溪沟树　**科属：**胡桃科·枫杨属

形态：落叶高大乔木。树冠广展，枝叶茂密，成年树皮则深纵裂；叶多为偶数或稀奇数羽状复叶；雄性柔荑花序单独生于去年生枝条上叶痕腋内，雌性柔荑花序顶生。花期4—5月，果期8—9月。

习性：喜光，略耐侧荫，幼树耐荫，耐寒能力不强，耐湿性强，但不耐长期积水和水位太高之地；深根性树种，主根明显，侧根发达。萌芽力很强，生长很快。对有害气体二氧化硫及氯气的抗性弱。

分布：主要分布于黄河流域以南、长江流域和淮河流域，自然分布在河床溪流两岸，是浙西南山区主要乡土植物之一。

应用：常见的庭荫树和防护树种，也是河床两岸低洼湿地的良好绿化树种。既可作为行道树，也可成片种植或孤植于草坪及坡地，均可形成一定景观。在富阳桐洲岛滩涂有成片成年林保留，景观效果极佳。树叶落叶后至萌芽前的冬末春初造林为宜。

梧桐　*Firmiana simplex* (L.) W. Wight

别名：中国梧桐　青桐　**科属：**梧桐科·梧桐属

形态：落叶大乔木。树冠卵圆形，树干端直，枝条粗壮；树皮灰绿色，光滑不裂；单叶互生，叶大，掌状3~5裂，基部心形，裂片全缘，先端渐尖，表面光滑，背面有星状毛；花单性同株，花期6—7月，圆锥花序顶生，花淡黄绿色；果期9—10月，种子大如豌豆，表面皱缩，黄褐色，着生于果瓣边缘。

习性：阳性树种，喜光，喜温暖湿润气候，耐寒性差；肉质根，不适于低洼地及盐碱土；萌芽力弱，不耐修剪；对多种有毒气体有较强抗性。

分布：原产于我国及日本；现华北至华南、西南各省区有广泛栽培。

应用：树干端直，枝青平滑，叶大形美，绿荫浓密，可孤植于庭园，丛植于草坪边缘及坡地，列植于湖畔、园路两边及街坊，是城镇"四旁"绿化的常用树种，也是工矿厂区绿化的良好树种。

紫花泡桐 *Paulownia tomentosa* (Thunb.) Steud.

别名： 毛叶泡桐 绒毛泡桐 **科属：** 泡桐科·泡桐属

形态： 落叶大乔木。树冠宽大圆形，树皮浅裂，褐灰色；枝粗大，髓腔亦大，小枝有明显皮孔；冬芽小，2枚叠生；叶大、宽卵形或卵形，表面密被柔毛；花期3月上旬至4月上旬，先花后叶，聚伞花序，花冠钟形，蓝紫色；蒴果卵圆形，9—10月成熟，经冬不落。

同属常用栽培种：

白花泡桐（*Paulownia fortunei* (Seem.) Hemsl.）：花奶白色，内有紫色斑点。

习性： 强阳性树种，不耐庇荫，对温度适应性宽；肉质根，较耐旱，忌积水，不耐盐碱；对有害气体抗性较强，萌蘖力强，生长快，材质松。

分布： 我国特有树种，主产于陕西及河南西部；辽宁南部、黄河中下游及浙江、江西、湖北等地也有栽培；日本、朝鲜、欧洲和北美有引种。

应用： 常用播种、埋根、埋干等法繁殖。树干端直，冠大荫浓，先叶而放的花朵色彩绚丽，宜作庭荫树和行道树；又因其叶大毛多，能吸附灰尘，净化空气，抗有毒气体，故特别适于用作工厂绿化。

油桐 *Vernicia fordii* (Hemsl.) Airy Shaw

别名： 三年桐 光桐 **科属：** 大戟科·油桐属

形态： 落叶乔木。树皮灰色，近光滑；枝条粗壮，无毛，具明显皮孔。叶卵圆形，顶端短尖，基部截平至浅心形，全缘，稀1~3浅裂，嫩叶上面被很快脱落微柔毛，下面被渐脱落棕褐色微柔毛，成长叶上面深绿色，无毛；掌状脉5~7条；叶柄与叶片近等长。花雌雄同株，先叶或与叶同时开放；花瓣白色，有淡红色脉纹，倒卵形，顶端圆形，基部爪状；核果近球状，果皮光滑。花期3—4月，果期8—9月。

习性： 喜温暖湿润气候，怕严寒，能耐冬季短暂低温（-8～-10℃），长期处于-10℃以下则引起冻害；遇春季晚霜及花期低温受害极大。以年降雨量900~1300mm。以阳光充足、土层深厚、疏松肥沃、富含腐殖质、排水良好的微酸性砂质壤土栽培为宜。

分布： 分布于陕西、河南、江苏、安徽、浙江、江西、福建、湖南、湖北、广东、海南、广西、四川、贵州、云南等省区。越南也有分布。通常栽培于海拔1000m以下丘陵山地。

应用： 我国重要的工业油料植物，果皮可用于制活性炭或提取碳酸钾。山地造林可与其他常绿阔叶树种混交造林，亦可与杉树、茶园混交凸显桐花盛开美景；4—5月花开，观赏效果好，亦可列植作山间古道景观树。

楸　*Catalpa bungei* C. A. Mey

别名：金丝楸 楸王 梓桐　**科属：**紫葳科·梓属

形态：落叶乔木。叶三角状卵形或卵状长圆形，顶端长渐尖，基部截形，阔楔形或心形，叶面深绿色，叶背无毛；顶生伞房状总状花序，花萼蕾呈圆球形，2唇开裂；花冠淡红色，内面具有2黄色条纹及暗紫色斑点；蒴果线形。花期5—6月，果期6—10月；自花不孕，往往开花而不结实。

习性：喜光喜肥，较耐寒，适生长于年平均气温10~15℃，降水量700~1200m的环境。喜深厚肥沃湿润的土壤，不耐干旱、积水，忌地下水位过高，稍耐盐碱。萌蘖性强，幼树生长慢，10年以后生长加快，侧根发达。耐烟尘、抗有害气体能力强。寿命长。

分布：主要分布在河北、河南、山东、山西、陕西、甘肃、江苏、浙江、湖南。在广西、贵州、云南有栽培。

应用：木材坚硬，为良好的建筑用材；开花时景观效果好，可栽培于公园、庭园、寺院作孤木观赏树、行道树。花可炒食，叶可喂猪，茎皮、叶、种子可入药。

刺槐　*Robinia pseudoacacia* L.

别名：洋槐 槐树　**科属：**豆科·刺槐属

形态：落叶大乔木。树冠椭圆状倒卵形，树皮灰褐色，纵裂、小枝具托叶刺；奇数羽状复叶，互生，小叶7~19枚，椭圆形或卵形，先端钝或微凹，全缘。花期4—6月，花蝶形，白色，有芳香，成腋生下垂总状花序。英果带状扁平，果期8—9月，种子肾形，黑色。

习性：温带强阳性树种，极喜光，忌荫蔽，喜干燥凉爽气候，耐寒力强；喜排水良好而深厚疏松的土壤，但又耐干旱瘠薄，耐轻度盐碱；浅根性，萌芽力和根蘖性都很强，生长快速，寿命较短。

分布：原产于北美洲，现欧亚各国广泛栽培；19世纪末我国青岛首先引种，现已遍布全国各地，尤以黄河流域最为多见。

应用：工矿区绿化及荒山荒地绿化的先锋树种。对二氧化硫、氯气、光化学烟雾等的抗性都较强，还有较强的吸收铅蒸气的能力，可作为行道树、庭荫树。发芽迟，春季待芽苞绽放时造林成活率高，造林时间以秋季落叶后至土壤封冻前为宜。

槐树 *Styphnolobium japonicum* (L.) Schott

别名： 槐 国槐　**科属：** 豆科·槐属

形态： 落叶大乔木。树冠圆球形，树皮暗灰色，纵裂；小枝绿色，有明显黄褐色皮孔；冬芽芽鳞不显，被青紫色毛。奇数羽状复叶，互生；小叶对生，卵状披针形，先端尖，基部圆形至广楔形。背面有白粉及柔毛。5—6月开花，顶生圆锥花序，花蝶形，浅绿白色。荚果于种子间缢缩成念珠状，10月成熟，肉质，悬挂树梢，经冬不落。

同属栽培变种有：

紫花槐（var.*phbescens*）：小叶背面有蓝灰色丝状短柔毛，花瓣紫红色。

习性： 温带树种，阳性植物，喜光；喜干冷气候，但在高温高湿的华南地区也能生长；对土壤适应性强，耐轻盐碱；对烟尘、二氧化硫、氯化氢有较强的抗性；根系发达，生长中速，寿命很长。

分布： 原产于我国北部，黄土高原、华北平原最为常见，现全国各地均有栽培；日本、朝鲜、越南也有分布。

应用： 我国传统观赏树木，栽培历史久远。树冠广阔，绿荫如盖，姿态优美，因而是良好的庭荫树和行道树。耐烟抗毒能力强，也是厂矿区绿化的良好树种。

栾树 *Koelreuteria paniculata* Laxm.

别名： 灯笼树　**科属：** 无患子科·栾属

形态： 落叶大乔木。树冠近圆球形，树皮灰褐色，细纵裂，小枝皮孔明显；奇数羽状复叶，小叶卵形或椭圆形，先端渐尖，叶缘具不规则粗锯齿，近基部常有深裂片。8—9月开花，圆锥花序顶生，花小，金黄色；蒴果三角状卵形，橘红色或红褐色，10—11月成熟，经冬不落。

同属常用栽培种：

黄山栾树（*Koelreuteria bipinnata 'integrifoliola'* (Merr.) T. Chen ）：又名全缘叶栾树，二回羽状复叶，小叶全缘或有稀疏锯齿。

习性： 阳性树种，喜光，稍耐荫，耐寒；不择土壤，耐干旱瘠薄，也能耐盐渍及短期涝害；深根性，萌蘖力强，生长较快，有较强的抗烟尘能力。

分布： 北起我国东北南部，南到长江流域，西至甘肃东南部及四川中部，而以华北较为常见；日本、朝鲜亦有分布。

应用： 树体挺拔，冠形整齐，枝叶茂密，入秋黄花满树，深秋红果累累；宜孤植为庭荫树、列植为行道树，或在公园内丛植、群植为风景树。

无患子　*Sapindus saponaria* Linnaeus

别名：肥皂树　**科属：**无患子科·无患子属

形态：落叶乔木。枝开展，叶互生；圆锥花序，花色嫩黄；核果球形，熟时黄色或棕黄色。花期6—7月，果期9—10月。

习性：喜光，稍耐荫，耐寒能力较强；对土壤要求不严，深根性，抗风力强；不耐水湿，能耐干旱。萌芽力弱，不耐修剪；生长较快，寿命长。

分布：分布于长江流域以南及西南诸省份及华北地区。

应用：对二氧化硫抗性较强，是工业城市生态绿化的首选树种。最佳造林季节为3—4月。

榆树　*Ulmus pumila* L.

别名：白榆 家榆　**科属：**榆科·榆属

形态：落叶大乔木。树干直立，枝条开展，形成圆球形树冠；树皮暗灰色，粗糙，纵裂；小枝灰色，细长，有柔毛；叶椭圆状卵形，边缘为不规则单锯齿。花期3—4月，先叶开放，簇生于去年生枝上；果期5—6月，翅果近圆形，先端有缺口，种子位于翅果中部。

习性：阳性树种，喜光，耐寒；适应性强，耐干旱，在石灰质冲积土及黄土上生长迅速，在低湿、瘠薄和盐碱地上也能生长；主根深，侧根发达，抗风、保土力强；萌芽力强，耐修剪；抗烟尘与多种有毒气体；虫害较多，应注意及早防治。

分布：分布于我国东北、西北、华北及华东地区；俄罗斯、朝鲜半岛和日本等地亦有生长。

应用：树干通直，树体高大，叶茂荫浓，适应性强，在园林中常作庭荫树、行道树；在林业上是营造防风林、水土保持林和盐碱地造林的主要树种。其老干古根萌发力强，可自野外掘取制作盆景。

榔榆　*Ulmus parvifolia* Jacq.

别名： 小叶榆　**科属：** 榆科·榆属

形态： 落叶乔木。树形优美，姿态潇洒，树皮斑驳，枝叶细密，树冠广圆形；树干基部有时呈板状根，树皮灰色或灰褐，裂成不规则鳞状薄片剥落；叶质地厚，披针状卵形或窄椭圆形；花秋季开放，3~6 朵在叶脉簇生或排成簇状聚伞花序。

习性： 喜光，耐干旱，在酸性、中性及碱性土上均能生长，但以气候温暖、土壤肥沃、排水良好的中性土壤为最适宜的生境。对有毒气体烟尘抗性较强。

分布： 主要分布于我国华北、华中地区，长江中下游各省有栽培。

应用： 在庭园中孤植、丛植，或与亭榭、山石配置都很合适，也可选作矿区工厂绿化树种。造林宜在秋季落叶后或春季萌芽前进行。

朴树　*Celtis sinensis* Pers.

别名： 沙朴　**科属：** 大麻科·朴属

形态： 落叶乔木。树皮平滑，灰色；叶片革质，宽卵形至狭卵形，三出脉，秋季叶变黄绿色为灰绿色。

习性： 喜光，适温暖湿润气候，适生于肥沃平坦之地；对土壤要求不严，有一定耐干旱能力，亦耐水湿及瘠薄土壤，适应力较强。

分布： 广泛分布于长江中下游地区，多生于平原耐荫处的路旁、山坡、林缘，散生于平原及低山区。

应用： 常用于行道树，对多种有毒气体抗性较强，有较强的吸滞粉尘能力，常被用于城市及工矿区，移栽成活率高。朴树树冠圆满宽广，树荫浓郁，农村"四旁"绿化都可用，也是河网区防风固堤树种，经多年砍伐的萌生老桩常用于盆景嫁接造型。造林宜在秋季落叶后或春季萌芽前进行。

珊瑚朴　*Celtis julianae* Schneid.

别名： 棠壳子树　**科属：** 大麻科·朴属

形态： 落叶乔木。树冠圆球形，树皮淡灰色至深灰色；单叶互生，宽卵形、倒卵形或倒卵状椭圆形，端渐短尖或尾尖，上面较粗糙，下面密被黄色绒毛，中部具钝锯齿或全缘；花序红褐色，状如珊瑚；核果卵球形，较大，熟时橙红色，味甜可食物。花期4月，果期9—10月。

朴树和珊瑚朴极为相似，主要区别：珊瑚朴叶片较大，叶背面披毛，朴树叶片小。

习性： 阳性树种，喜光，略耐荫；适应性强，不择土壤，耐寒，耐旱，耐水湿和瘠薄；深根性，抗风力强；抗污染力强；生长速度中等，寿命长。

分布： 浙江、安徽、江苏、福建等南部省份。

应用： 树体高大，枝叶繁茂，红花红果，是优良的观赏树、行道树以及工厂绿化和"四旁"绿化树种，发展潜力很大。移栽可在落叶后或翌春芽萌动前进行。

榉树　*Zelkova serrata* (Thunb.) Makino

别名： 光叶榉　**科属：** 榆科·榉属

形态： 落叶大乔木。树皮灰白色或褐灰色，呈不规则的片状剥落；叶薄纸质至厚纸质，大小形状变异很大，卵形、椭圆形或卵状披针形；叶面绿，干后绿或深绿，稀暗褐色，稀带光泽。变色期早，10月中上旬叶开始变色，叶色季相变化丰富、色叶期较长。花期4月，果期10月。

习性： 阳性树种，喜光，喜温暖环境；耐烟尘及有害气体；适生于深厚、肥沃、湿润的土壤，对土壤的适应性强，侧枝萌发能力强，酸性、中性、碱性土及轻度盐碱土均可生长，深根性；侧根广展，抗风力强；忌积水，不耐干旱和贫瘠；生长慢，寿命长。

分布： 在我国广泛分布，垂直分布多在海拔500m以下的山地、平原，在云南可达海拔1000m。

应用： 国家二级重点保护植物，是材质优良的珍贵树种。树姿端庄，高大雄伟，秋叶变成褐红色，是观赏秋叶的优良树种；可孤植、丛植于公园和广场的草坪、建筑旁作庭荫树；与常绿树种混植作风景林；列植人行道、公路旁作行道树，起到降噪防尘；营造山地混交林时应隔株栽培，以便间伐后形成纯林；用于园林绿化时应选择树冠丰满、树形优美的植株，或在其主干截干后，可以形成大量的侧枝。栽植时间宜在春季，在"立春"前后的3月上中旬进行。

构树 *Broussonetia papyrifera* (L.) L'Hér. ex Vent.

别名：楮树 构乳树　　**科属**：桑科·构属

形态：落叶大乔木或灌木状植物。树皮浅灰色，小枝红褐色，密生白色绒毛；单叶互生，阔卵形或长卵形，缘有粗齿，叶面有糙毛，叶背密被柔毛。花期4—5月，雌雄异株；果期6—7月，橙红色。

习性：阳性树种，喜光，稍耐荫；适应性极强，能耐干冷和湿热气候；耐干旱瘠薄与钙质土；生长迅速，萌芽力强；主根较浅，但侧根分布很广；对烟尘及有毒气体抗性强，病虫害少。

分布：分布很广，华北、西北、华南、西南各省份均有，为各地低山、平原常见树种；日本、越南、印度等国亦有分布。

应用：外貌虽较粗野，但枝叶茂密，且具有抗性强、生长快、繁殖容易等优点，是城乡绿化的良好树种，尤其适宜于工矿区与荒山坡地绿化，以及营造防护林等。

喜树 *Camptotheca acuminata* Decne.

别名：旱莲 天梓树　　**科属**：蓝果树科·喜树属

形态：高大落叶乔木。树干挺直，生长迅速；树皮灰色或浅灰色，纵裂成浅沟状；叶互生，纸质，矩圆状卵形或矩圆状椭圆形。花期5—7月，果期9月。

习性：喜光，喜温暖湿润，不耐严寒和干燥；对土壤酸碱度要求不严，在石灰岩风化的钙质土壤和板页岩形成的微酸性土壤中也能生长良好，但在土壤肥力较差的粗砂土、石砾土、干燥瘠薄的薄层石质山地，都生长不良。萌芽率强，较耐水湿。

分布：广泛分布于亚热带地区，常生于海拔1000m以下的林边或溪边，在湿润的河滩沙地、河湖堤岸以及地下水位较高的渠道埂边生长都较旺盛。

应用：原生种为国家二级重点保护野生植物，我国特有速生丰产的优良树种，其果实、根、树皮、树枝、叶均可入药。冬季落叶后、春季叶萌芽前种植为宜。

七叶树　*Aesculus chinensis* Bunge

科属: 无患子科·七叶树属

形态: 一般为落叶乔木(稀有灌木、常绿)。树干耸直,冠大荫浓;掌状复叶;花序圆筒形,初夏繁花满树,蔚然可观;果形奇特,是观叶、观花、观果不可多得的树种。花期6月,果期10月。

习性: 喜光,稍耐荫;喜温暖气候,也能耐寒;喜深厚、肥沃、湿润而排水良好之土壤。深根性,萌芽力强;生长速度中等偏慢,寿命长。在炎热的夏季叶子易遭日灼。

分布: 我国黄河流域及东部各省份均有栽培,仅秦岭有野生,自然分布在海拔700m以下山地,该种系在黄河流域为优良的行道树和庭园树。

应用: 世界著名的观赏树种,浙江七叶树是七叶树的变种,主根深而侧根少,属于不耐移植的树种,移植时土球直径应为树木胸径的6~8倍。栽植时间宜在初春萌芽前或秋末叶片全部掉落后。

乌桕　*Triadica sebifera* (Linnaeus) Small

别名: 柏子树　**科属:** 大戟科·乌桕属

形态: 落叶乔木。树冠整齐,叶形秀丽,叶互生,纸质,叶片菱形、菱状卵形或稀有菱状倒卵形,秋叶经霜时如火如荼,十分美观。花期4—8月。

习性: 喜光,不耐荫。喜温暖环境,不甚耐寒。适生于深厚肥沃、含水丰富的土壤,对酸性、钙质土、盐碱土均能适应,是抗盐性强的乔木树种之一;主根发达,抗风力强,耐水湿;寿命较长。有较高的土壤湿度要求,且能耐短期积水;同时有一定的抗风性,较耐干旱瘠薄。对有毒氟化氢气体有较强的抗性。

分布: 长江及其支流的河谷地带和西北沿四川为集中分布区。

应用: 树冠整齐,叶形秀丽,有"乌桕赤于枫,园林二月中"之赞名。与亭廊、花墙、山石等相配甚协调;亦可孤植、丛植于草坪、湖畔和池边,在园林绿化中可栽作护堤树、庭荫树及行道树,也可栽植于广场、公园、庭园中,或成片栽植于景区、森林公园中,能产生良好的造景效果。宜在丘陵山区发展,并且可以在

山地、平原和丘陵造林,甚至可以在土地比较干旱的石砾地区种植。春季树叶萌芽前和萌芽后都可栽植,4—5月种植成活率最高,萌芽时种植成活率最低。

重阳木 *Bischofia polycarpa* (Levl.) Airy Shaw

科属： 叶下珠科·秋枫属

形态： 落叶大乔木。树姿优美，冠如伞盖；三出复叶，卵形或椭圆状卵形；花叶同放，花色淡绿，秋叶转红，艳丽夺目，树冠伞形状。花期4—5月，果期10—11月。

习性： 喜光，也略耐荫，也耐水湿，有很强的抗寒能力；对土壤的要求不严，在酸性土和微碱性土中皆可生长，但在湿润、肥沃的土壤中生长最好；耐旱，也耐瘠薄，且能耐水湿，抗风耐寒，生长快速，根系发达。

分布： 我国原产树种，产于秦岭、淮河流域以南各地，在长江中下游地区常见栽培。浙江（金华林业基地）、江苏（大丰林业基地）有大量培育。

应用： 通常作行道树和庭园观赏树栽培，也可用于堤岸、溪边、湖畔和草坪周围作为点缀树种，极有观赏价值，孤植、丛植或与常绿树种配置。冬季落叶后、春季叶萌芽前的休眠期种植为宜。

杜仲 *Eucommia ulmoides* Oliv

科属： 杜仲科·杜仲属

形态： 落叶乔木。树冠卵圆形，小枝光滑，无顶芽，有片状髓心，枝、叶、果及树皮均有弹性丝状胶质。叶椭圆状卵形，缘有锯齿，叶表面网脉凹下，呈皱纹状，叶撕断后有丝状胶质相连；花单性，雌雄异株，无花被；雄花簇生，雌花单生于新梢基部；花期4月，花叶前开放或与叶同放。翅果狭椭圆形，扁平，果熟期9—10月，黄褐色。

习性： 阳性树种，喜光不耐荫；喜温暖湿润环境，亦耐寒；对土壤要求不严，轻度钙质土、盐碱土也能适应，稍耐干旱及水湿；深根性，萌芽力强，生长速度较快。

分布： 我国特有树种，主产于中部及西部，秦岭、淮河流域以南广泛栽培，四川、贵州、湖北为著名产区。

应用： 树干挺拔，枝叶舒展，树姿优美，叶绿油光，为理想的庭荫树，也可丛植于坡地、池边或与常绿树混交成林，均甚相宜。树皮可作中药，具有活血化瘀之功效。

黄连木　*Pistacia chinensis* Bunge

别名： 楷木　**科属：** 漆树科·黄连木属

形态： 落叶乔木。树干扭曲，树皮暗褐色，呈鳞片状剥落，幼枝灰棕色，具细小皮孔，疏被微柔毛或近无毛。偶数羽状复叶互生，叶轴具条纹，被微柔毛，叶柄上面平；小叶对生或近对生，纸质，披针形或卵状披针形或线状披针形，全缘；花单性异株，先花后叶，圆锥花序腋生；核果倒卵状球形，略压扁，成熟时紫红色，干后具纵向细条纹，先端细尖。花期 2—4 月，果期 8—11 月。

习性： 喜光怕涝，选择造林地时，应选择背风向阳的地段；对土壤要求并不严格，多数土壤都能正常生长；土壤肥沃，通透性良好，pH 值在 6~7 的砂壤土更有利于黄连木的生长。

分布： 主要分布于长江流域以南各省份及华北、西北；生于海拔 140~3550m 的石山林中。

应用： 树冠浑圆，枝叶繁茂而秀丽，早春嫩叶红色，入秋叶又变成深红或橙黄色，红色的雌花序也极美观；是城市及风景区的优良绿化树种，宜作庭荫树、行道树及观赏风景树，也常作"四旁"绿化及低山区造林树种。在园林中植于草坪、坡地、山谷或于山石、亭阁之旁配植，无不相宜。若要构成大片秋色红叶林，可与槭类、枫香等混植，效果更好。

苦楝　*Melia azedarach* L.

别名： 楝树　森树　**科属：** 楝科·楝属

形态： 落叶乔木。枝条开展，树冠近平顶状，树皮暗褐色，浅纵裂；嫩枝及嫩叶背面有星状细毛，小枝粗壮，皮孔多而明显；2~3 回奇数羽状复叶，互生，小叶卵状披针形；先端较尖，缘有锯齿或裂。花两性，复聚伞花序，淡紫色，花期 4—5 月；核果近球形，径 1~1.5cm，10—11 月成熟，橙黄色，宿存枝上，经冬不落。

习性： 阳性树种，喜光不耐荫；喜温暖湿润环境，不甚耐寒；对土壤要求不严，钙质土、盐碱土也能适应，稍耐干旱瘠薄及水湿；深根性，萌芽力强，生长快速。

分布： 产于我国华北南部至华南、西南地区，多生于低山及平原；印度、缅甸亦有分布。

应用： 树干通直挺拔，树冠圆整，羽叶舒展，叶形秀丽，春末开淡紫色花，素雅悦目。为优良的庭荫树、行道树，可孤植、列植、丛植于池边、坡地、游憩道两侧以及草坪边缘；又是江南地区工厂街坊、公路与铁路沿线、江河两岸、海涂等处绿化造林的重要树种。

香椿　*Toona sinensis* (A. Juss.) Roem.

别名：黄椿头　**科属：**楝科·香椿属

形态：落叶大乔木。树皮粗糙，深褐色，片状脱落；叶具长柄，叶呈偶数羽状复叶，圆锥花序，两性花白色；果实是椭圆形蒴果，翅状种子。花期6—8月，果期10—12月。

习性：喜光，喜温，适宜在平均气温8~10℃的地区栽培，抗寒能力随苗树龄的增加而提高。较耐湿，适宜生长于河边、宅院周围肥沃湿润的土壤中，一般以砂壤土为好；适宜的土壤酸碱度为pH值5.5~8.0。

分布：原产于我国中部和南部。

应用：除椿芽供食用外，也是园林绿化的优选树种。木材纹理美丽，质坚硬，有光泽，耐腐力强，素有"我国桃花心木"之美誉，是低山丘陵或平原地区的重要用材树种，又为观赏及行道树种。园林中配置于疏林，作上层骨干树种，其下栽以耐荫花木。造林可在2—3月进行。

臭椿　*Ailanthus altissima* (Mill.)Swingle

别名：白椿　樗树　**科属：**苦木科·臭椿属

形态：落叶乔木。树皮幼时光滑，老时有浅裂纹；枝粗壮开展，缺顶芽，叶痕大，倒卵形；奇数（稀偶数）羽状复叶，互生，小叶卵状披针形，基部有2~4个腺点，有臭味。5—6月开花，圆锥花序顶生，花黄白色；果期9—10月，翅果，褐色。

习性：阳性树种，喜光不耐荫；适应性强，耐寒，耐干旱瘠薄，不耐水湿；深根性，根系发达，耐盐碱；对烟尘与有害气体的抗性较强，病虫害较少。

分布：原产于我国东北南部、华北、西北至长江流域各地；朝鲜、日本也有分布。

应用：树干通直高大，树冠圆整，姿态优美，是良好的庭荫树和行道树。对有毒气体抗性强，并有吸尘抗烟功能，也是工矿区绿化盐碱地、水土保持及荒山造林的优良树种。

合欢 *Albizia julibrissin* Durazz.

别名： 夜捂柴 绒花树 　**科属：** 豆科·合欢属

形态： 落叶乔木。树冠开展，树形姿势优美，树干灰黑色，树冠开阔；叶形雅致，入夏绿荫清幽，羽状复叶昼开夜合，十分清奇；夏日粉红色绒花吐艳，十分美丽，有色有香，能形成轻柔舒畅的气氛；荚果条形，扁平不裂。花期6—7月，果期8—10月。

习性： 性喜光，喜温暖，耐寒、耐旱、耐土壤瘠薄及轻度盐碱；对二氧化硫、氯化氢等有害气体有较强的抗性，但不耐水涝，生长迅速。

分布： 原产美洲南部，我国黄河流域至珠江流域各地山坡亦有分布，目前有栽培应用。

应用： 为敏感性植物，被列为地震观测的首选树种。可用作园景树、行道树、风景区造景树、滨水绿化树、工厂绿化树和生态保护树等。最佳造林时间为2—3月。

三角枫 *Acer buergerianum* Miq.

别名： 三角槭 　**科属：** 无患子科·槭属

形态： 落叶乔木。树高15~20m，树冠卵形；树皮暗褐色，薄片状剥落；小枝细，幼时有短柔毛，后变无毛，稍被蜡粉；叶片浅3裂或不裂，基部圆形或广楔形，基部三出脉明显。4月开花，花小，黄绿色，伞房圆锥花序顶生；翅果，果翅张开近于平行，果核部分两面凸出，黄褐色，9月成熟。

同属常用栽培种：

元宝枫（*Acer truncatum* Bunge）：叶片常5裂，稀7裂，基部平截形，翅果弯曲成元宝形。

习性： 弱阳性树种，喜光稍耐荫；喜温暖湿润环境，亦较耐寒；适生于中性至酸性土壤，较耐水湿；根系发达，萌芽力强，耐修剪造型。

分布： 主要分布于长江中下游各省份，北起山东、南至广东皆有栽植应用；日本亦有分布。

应用： 树高冠大，浓荫覆地，秋叶棕黄或褐红，颇为美观。宜作庭荫树、行道树及护岸树，可配植于湖岸、溪边、谷地、草坪边缘，或点缀于亭廊、山石之间。老桩还是制作盆景的良好材料。

三角枫　　　　　　　　　　　　　　　　元宝枫

日本黄栌 *Toxicodendron succedaneum* (L.) Kuntze

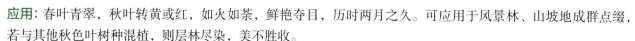

别名：野漆树　　**科属：**漆树科·漆树属

形态：落叶乔木。树冠圆球形，层次明显；叶椭圆状披针形，全缘，光滑无毛；春至秋季常有猩红叶片缀挂其间，深秋叶变棕黄或深红。花期4—5月，果期9—11月。

习性：阳性树种，喜光不耐荫；适应性极强，在强光、干旱、瘠薄、干冷、强酸、强碱等条件下，均生长良好，且呈速生性。虫害较为严重，需及时防治。

分布：原产日本，原为提炼化妆品天然成分而引入我国，现华北以南地区园林中有栽培应用。

应用：春叶青翠，秋叶转黄或红，如火如荼，鲜艳夺目，历时两月之久。可应用于风景林、山坡地成群点缀，若与其他秋色叶树种混植，则层林尽染，美不胜收。

檫木 *Sassafras tzumu* (Hemsl.) Hemsl.

别名：青檫　檫树　　**科属：**樟科·檫木属

形态：落叶大乔木。树形挺拔，花色嫩黄，先花后叶，叶片阔卵形至椭圆形，红叶迎秋，是早春山地植物中第一个跃于主林层开花的风景树种，也是秋季林中叶片较早转红黄色的彩叶树种；观赏价值极高。花期3—4月，果期8—9月。

习性：喜温暖湿润气候和避风环境，喜光，不耐荫；深根性，萌芽性强，生长快；在土层深厚、排水良好的酸性红壤土或黄壤土上均能生长良好，陡坡土层浅薄处亦能生长，西坡树干易遭日灼。喜与其他树种混种，但水湿或低洼地不能生长。

分布：原产于我国，广泛分布于长江中下游，垂直分布在800m以下的山地及丘陵坡地的中部至下部及坡麓。适生于年平均温12~20℃，绝对最低温度不到−10℃。

应用：良好的山地彩色森林造林树种。生长快，材质好，用途广，南方山地重点的乡土速生阔叶树种之一。宜在冬季和早春季节种植。

柿树　*Diospyros kaki* Thunb.

别名：柿子树　**科属**：柿科·柿属

形态：落叶乔木。树冠为自然半圆形；树皮暗灰色，长方块状开裂；冬芽先端钝，小枝密被褐色或棕色柔毛，后渐脱落；叶椭圆形至倒卵形，先端突尖，近革质，基部阔楔形或近圆形，表面深绿色有光泽，背面淡绿色。花期5—6月，花冠钟状，黄白色；浆果卵圆形或扁球形，橙黄色或鲜黄色，花萼宿存，9—10月成熟，种子扁肾形。

习性：阳性树种，喜光，喜温暖气候，亦较耐寒；深根性，对土壤的要求不高，耐干旱瘠薄；生长缓慢，寿命长。

分布：原产于我国，北自河北，南达两广，东起东南沿海，西至陕甘等地均有分布。

应用：枝繁叶茂，树冠开张，展盖如伞，秋叶凌霜变成深红色，是观叶观果俱佳的优良观赏树种，既可孤植、群植于庭园和公园，也可杂植于常绿树间，均可增辉于景。

枣树　*Ziziphus jujuba* Mill.

别名：枣　蜜果　白蒲枣　**科属**：鼠李科·枣属

形态：落叶乔木。树冠卵形，枝红褐色，丛生，略呈"之"字形曲折，具托叶刺2枚，一长一短，结果枝下垂；单叶互生，长椭圆状卵形，基部偏斜，具短柄，基生三出脉，叶缘有细锯齿。花期4—5月，花两性，短聚伞花序腋生，花小，黄白色。果期8—9月，核果卵圆至长圆形，成熟时褐红色。

习性：阳性树种，喜光，耐热；喜干燥气候，耐寒性强，抗风沙；适生于中性或微碱性砂壤土，稍耐盐碱，不耐水涝；根系发达，根萌蘖力强。

分布：原产于我国，除东北地区、西藏之外，其他各地均有栽培，以黄河及淮河流域各省份最为普遍。

应用：树干劲拔，枝密叶翠，春末素花斐斐，秋初红果累累，为果用与观赏兼备的庭荫树，自古以来备受青睐。因其对多种有毒气体有一定的抗性，所以也适用于工矿厂区的绿化。其老根古干还可作树桩盆景观赏。

枳椇 *Hovenia acerba* Lindl.

别名：拐枣 金钩子 鸡爪果　　**科属：**鼠李科·枳椇属

形态：落叶乔木。树冠广卵形，树皮灰褐色，浅纵裂，枝条开展，小枝紫褐色；叶互生，宽卵形或心形，边缘有浅钝细锯齿，基部三出主脉。花期6月，二歧状圆锥花序，生于叶腋或枝梢；果期10月，果实短圆柱形，果序柄肉质肥厚而弯曲，具甜味；种子深褐色，光亮。

习性：阳性树种，喜光，耐寒；喜肥沃湿润而排水良好的土壤，亦耐干旱；浅根性，萌芽力强。

分布：分布于陕甘以南、华中、华东、华南及西南地区。

应用：树体高大，枝冠开张，叶大荫浓，姿态端庄，花序柄肉质粗壮，形态奇特，味甜可食。不仅为优良的庭荫树、行道树，也是城镇"四旁"绿化之理想树种。

娜塔栎 *Quercus texana* Buckley

别名：德州栎　　**科属：**壳斗科·栎属

形态：落叶乔木。主干直立，大枝平展略有下垂，塔状树冠；叶椭圆形，顶部有硬齿，秋季叶亮红色或红棕色；树皮灰色或棕色、光滑。每年11月初开始变红，第二年元旦后落叶。

习性：适应性强，极耐水湿，抗城市污染能力强，气候适应性强，耐寒、抗旱，喜排水良好的沙性、酸性或微碱性土。

分布：原产于北美，在美国东南部有较大分布；国内由中国林科院亚热带林业研究所在富阳首先引种栽培，随后进行大面积推广应用。

应用：优良的行道树种，可在庭园、公园等景点单植或丛栽，也可与其他绿叶树种搭配造景，目前在浙西南山地的彩色健康森林建设中也有应用。最佳造林时间为2—3月。

李 *Prunus salicina* Lindl.

科属： 蔷薇科·李属

形态： 落叶乔木。树冠广圆形，树皮灰褐色，起伏不平；老枝紫褐色或红褐色，无毛；小枝黄红色，无毛；叶片长圆倒卵形、长椭圆形，基部楔形，边缘有圆钝重锯齿，常混有单锯齿；花通常3朵并生；花梗1~2cm，通常无毛，萼筒钟状；核果球形或卵球形，花期4月，果期7—8月。

习性： 对气候的适应性强，对土壤酸碱度适应性强，对空气和土壤湿度要求较高，极不耐积水；宜在土质疏松、土壤透气以及排水良好、土层深和地下水位较低的地方生长。

分布： 国内大部分省（区、市）均有分布，世界各地均有栽培。生于山坡灌丛中、山谷疏林中或水边、沟底、路旁等处。

应用： 树枝广展，红褐色而光滑，叶自春至秋呈红色，花小，白或粉红色，是良好的观叶园林植物。味甘、酸，性平，归肝、肾经，具有清热、生津之功效，可用于虚劳骨蒸，消渴；作为水果，李也是温带重要果树之一。

杏 *Prunus armeniaca* L.

科属： 蔷薇科·李属

形态： 落叶乔木。树冠圆形、扁圆形或长圆形；树皮灰褐色，纵裂，植株无毛；叶互生，阔卵形或圆卵形，边缘有钝锯齿；花白色或微红色，三四月展叶前开放，花形与桃花和梅花相仿，含苞时纯红色，开花后颜色逐渐变淡，花落时变成纯白色；果实球形，稀倒卵形，白色、黄色至黄红色，微被短柔毛；暗黄色果肉，味甜多汁；核卵形或椭圆形，核面平滑，种仁多苦味或甜味。花期3—4月，果期6—7月。

习性： 阳性树种，适应性强，深根性，喜光，耐高温，耐旱，抗寒，抗风，不耐涝；寿命可达百年以上，为低山丘陵地带的主要栽培果树。在土层深厚、排水良好的砂质壤土生长良好，栽植要避开低洼积涝地带。

分布： 产于我国各地，多数为栽培应用，尤以华北、西北和华东地区种植较多。

应用： 原产于我国新疆，我国最古老的栽培果树之一。杏在早春开花，先花后叶。可与苍松、翠柏配植于池旁湖畔或植于山石崖边、庭园堂前，具观赏性。栽植时间以秋季和春季为宜。

樱桃　*Prunus pseudocerasus* (Lindl.) G. Don

科属： 蔷薇科·李属

形态： 落叶乔木。树皮灰白色；叶片卵形或长圆状卵形，先端渐尖或尾状渐尖，边有尖锐重锯齿，有小腺体；花瓣白色；核果近球形，晶莹美丽，红如玛瑙。花期3—4月，果期5—6月。

习性： 喜光、喜温、喜湿、喜肥；根系分布深，粗根多，适应性相当强，几乎各种土壤都能生长；最适宜在砂壤土或砾质壤土生长。

分布： 辽宁、河北、陕西、甘肃、山东、河南、江苏、浙江、江西、四川等地均有分布，作为经济树种，浙江各地亦有栽培。

应用： 浙江整体气候环境适宜，樱桃作为经济林果树广泛栽植，庭园、道路绿化亦普遍栽植。樱桃根系分布浅，易风倒，栽植以在不受风害地段为宜，土壤以土质疏松、土层深厚的砂壤土为佳；樱桃口感美味，营养丰富，但食用过多会引起铁中毒或氰化物中毒。春秋两季均可栽植，春季在芽萌动前进行，秋季可在落叶后栽植。

日本早樱　*Prunus × subhirtella* (Miq.) Sok.

别名： 大叶早樱　小彼岸　　**科属：** 蔷薇科·李属

形态： 落叶乔木。树皮灰褐色，小枝灰色，嫩枝绿色，密被白色短柔毛；叶片卵形至卵状长圆形，边有细锐锯齿和重锯齿；花序伞形，花叶同开，花期3—4月，花瓣淡红色，倒卵长圆形；果期6月，核果卵球形，黑色，具有很高的观赏价值。

习性： 喜光，喜温暖湿润气候环境；对土壤要求不严，以疏松肥沃、排水良好的砂质土壤为好，不耐盐碱土；根系较浅，忌积水低洼地；有一定的耐寒和耐旱力；抗烟及抗风能力弱。

分布： 原产于日本，现广泛分布于北半球的温带地区。

应用： 观赏价值很高，盛开时节花繁艳丽，满树烂漫，如云似霞，极为壮观，是重要的园林观花树种，可大片栽植形成"花海"景观，也可三五成丛点缀于绿地形成"锦团"，还可孤植形成"万绿丛中一点红"之画意。

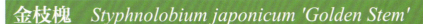

金枝槐 *Styphnolobium japonicum 'Golden Stem'*

别名： 金枝国槐 黄金槐　**科属：** 豆科·槐属

形态： 落叶乔木。树皮灰褐色，具纵裂纹；生枝条秋季逐渐变成黄色、深黄色，2年生的树体呈金黄色，树皮光滑；羽状复叶，椭圆形，光滑，淡绿色、黄色、深黄色；托叶形状多变，有时卵形、叶状，有时线形、钻状，早落；锥状花序，顶生，花梗较短；花萼呈吊钟状，具灰色绒毛，花冠黄色，具短的小柄；荚果，串状，花萼浅钟状。5—8月开花，8—10月结果。

习性： 耐旱，耐寒力较强，对土壤要求不严格，贫瘠土壤可生长，腐殖质肥沃的土壤生长良好。

分布： 栽培种广泛分布于北京、辽宁、陕西、新疆、山东、河南、浙江、江苏、安徽等地。

应用： 树木通体呈金黄色，富贵而美丽，是公路、校园、庭园、公园、机关单位等绿化的优良品种，具有较高的观赏价值。

龙爪槐 *Styphnolobium japonicum 'Pendula'*

别名： 垂槐 盘槐　**科属：** 豆科·槐属

形态： 落叶乔木。树皮灰褐色，具纵裂纹，当年生枝绿色；羽状复叶；圆锥花序顶生，常呈金字塔形，花冠白色或淡黄色；荚果串珠状，种子卵球形，淡黄绿色，干后黑褐色。花期7—8月，果期8—10月。

习性： 喜光，稍耐荫，能适应干冷气候；喜生于土层深厚、湿润肥沃、排水良好的砂质壤土。深根性，根系发达，抗风力强，萌芽力亦强，寿命长；对二氧化硫、氟化氢、氯气等有毒气体及烟尘有一定抗性。

分布： 原产于我国，现各地广泛栽培，华北和黄土高原地区尤为多见。

应用： 树冠优美，花芳香，是行道树和优良的蜜源植物，因寿命长，适应性强，对土壤要求不严，姿态优美，观赏价值高，故园林绿化应用较多，常作为门庭及道旁树、庭荫树，或置于草坪中作观赏树。节日期间，若在树上配挂彩灯，则更显得富丽堂皇；若采用矮干盆栽观赏，则使人感觉柔和潇洒；开花季节，米黄花序布满枝头，似黄伞蔽目，则更加美丽可爱。

第二篇

·

小乔木与灌木

·

　　小乔木是指成年树树高可达 5 ~ 9 米，有独立主干的木本植物；灌木是指主干不明显，常在基部发出多个枝干的木本植物。灌木与乔木的区别在于它的多杆和较矮的高度，灌木高度通常在 6 米以下。在自然界和园林应用中，很多植物会因自然环境和园林栽培方式的影响，一种植物呈现小乔木或灌木两种形式（如红叶石楠、山茶花、枸骨等）。小乔木与灌木根据树种冬季是否落叶，分为常绿和落叶两大类。

2.1 常绿小乔木与灌木

山茶花 *Camellia japonica* L.

别名: 茶花 曼陀罗树　　**科属:** 山茶科·山茶属

形态: 常绿小乔木或灌木。树皮平滑,灰白色,小枝黄褐色。单叶互生,革质,卵形或椭圆形,缘有细齿,叶脉网状,叶面深绿色,有光泽,叶背黄绿色,平滑无毛。从10月份到翌年5月,盛花期1～3月,花色多样;蒴果近球形,无宿存花萼,种子椭圆形。

习性: 半荫性植物,忌阳光直射;喜温暖湿润环境,耐寒力较差;喜微酸性土壤,植于偏碱性土壤生长不良;忌积水,排水不良时会引起根系腐烂致死;对硫化物和氯气有一定的抗性。

分布: 原产于我国和日本,现今通过杂交育种全球已有2000多个栽培品种。在我国中部及南方各省区可露地栽培,已有1400多年的栽培历史,北方则以温室盆栽为主。

应用: 山茶花是我国十大名花之一,也是世界闻名的观花树种。其叶色翠绿,花大色美,品种繁多,绿化、美化效果好。宜丛植于疏林之内或林缘,也可布置于建筑物南面暖处,孤植、群植均可;与落叶乔木搭配,尤为相宜。

茶梅 *Camellia sasanqua* Thunb.

别名: 海红　　**科属:** 山茶科·山茶属

形态: 常绿小乔木或灌木。树冠球形或扁圆形,树皮灰白色,嫩枝有粗毛,芽鳞表面有倒生柔毛;叶互生,椭圆形至长圆卵形;花多白色和红色,略芳香,花期长,从10月下旬至翌年4月。

习性: 喜阴湿,以半阴半阳最为适宜。夏日强光可能会灼伤叶和芽,导致叶卷脱落,但又需适当光照才能开花繁茂鲜艳。适生于肥沃疏松、排水良好的酸性砂质土壤中,碱性土和黏土不适宜种植茶梅。宜生长在富含腐殖质、湿润的微酸性土壤,pH值以5.5~6为宜;较耐寒。

分布: 产于长江流域以南地区,主产于江苏、浙江、福建、

广东等沿海及南方各省,日本也有分布。

应用: 花色多样,开花期长,着花量大,枝条大多横向扩展,姿态丰满,适宜园林中用作色块和绿篱。每年春季为最佳栽植时间。

美人茶　*Camellia hiemalis* Nakai

别名：冬红山茶　单体红山茶　　**科属：**山茶科·山茶属

形态：常绿小乔木或灌木。叶宽椭圆形，光亮，有细锯齿；花单瓣，粉红、紫红色，花期从12月至翌年3月；一般花后不结果实。

习性：中性植物，喜半荫，忌烈日；喜温暖气候，但又耐寒，是山茶属中较为抗寒的品种；喜酸性土壤，但对偏碱性土壤适应性也强；病虫害少，易栽培与护理。

分布：主要分布于湖北、浙江一带。

应用：叶色亮绿，四季常青，花茂色雅，既能暖春争艳，又能严冬傲雪，为园林中少见的常绿越冬观花植物，具有较高的观赏价值。宜孤植、丛植，或片植于草坪、林缘、园路口、山石一侧及庭园角，皆具有很好的点缀作用。

洒金千头柏　*Platycladus orientalis 'Aurea'*

别名：金枝千头柏　　**科属：**柏科·侧柏属

形态：常绿灌木。侧柏的栽培变种，无明显主干，矮生密丛，树冠圆球形至圆卵形；大枝斜出，小枝扁平；叶黄绿色，入冬略转褐绿色。

习性：阳性树种，喜光，幼树稍耐庇荫；耐干旱，较耐寒；浅根性，不耐水涝，在排水不良的低洼地易烂根死亡；喜钙树种，具抗盐性，对二氧化硫、氯气、氯化氢等有毒气体有较强抗性；寿命很长。

分布：北起内蒙古南部，南达两广北部以及西南地区均有分布；朝鲜亦有分布。

应用：我国北方应用最广、栽培观赏历史最久的园林树种之一。常栽植于古建筑、寺庙、陵园、墓地中，可孤植、丛植、列植，小树也可作绿篱栽植。色彩金黄，可布置于树丛前增加层次；长江流域及华北南部多用作绿篱或园景树以及造林等。

塔柏　*Juniperus chinensis 'Pyramidalis'*

别名：蜀桧　**科属：**柏科·刺柏属

形态：常绿小乔木。圆柏的栽培品种。树冠幼时宝塔形或圆锥形，老树则成广圆形；树皮灰褐色；枝密集向上，叶多为刺形叶，偶有鳞形叶；花期4月，雌雄异株；球果翌年10—11月成熟。

习性：中性树种，喜光又较耐荫；对气候和土壤的适应性强，深根性，侧根也很发达；对氯气、氟化氢和二氧化硫的抗性较

强，能吸收一定数量的硫和汞，阻尘隔音效果良好。

分布：内蒙古南部、华北、华东至两广北部，西至四川、云南均有分布。在四川，原多栽培于墓地或公园内，故也称蜀桧。

应用：树形优美，四季青翠，适应性强，用途较广。常用于陵园、墓地、甬道，或与宫殿式建筑相配合，在草坪绿地中数株成自然树丛栽植效果亦佳；小树还可作盆栽供观赏。因其常用于陵园、墓地，一般忌用于私家庭园。

厚皮香　*Ternstroemia gymnanthera* (Wight et Arn.) Beddome

别名：猪血柴　秤干木　**科属：**山茶科·厚皮香属

形态：常绿小乔木或灌木。干多分枝，小枝粗壮，树冠圆球形。叶革质，倒卵形或椭圆状倒卵形，全缘，表面暗绿色，有光泽，常数片簇生枝端，叶柄红色。花期6—7月，花淡黄色，有浓香，常数朵聚生枝端；蒴果带肉质，10月成熟，绛红色，有油质；种子扁椭圆形，坚硬。

习性：中性植物，喜光又耐荫，喜温暖湿润气候和背阴潮湿环境；要求排水良好、湿润肥沃的土壤；根系发达，萌芽力弱，不耐修剪；对有害气体有较强抗性。

分布：分布于我国南部各省（区、市）。

应用：树冠浑圆，枝叶层次感强，叶肥厚浓绿，入冬转褐红，开花时节芳香诱人。在园林应用中以球形为主，宜植于林下、林缘、步道两侧、假山石旁，也是工矿厂区绿化的优良树种。

含笑花　*Michelia figo* (Lour.) Spreng

别名：含笑　香蕉花　笑梅　　**科属：**木兰科·含笑属

形态：常绿灌木。树皮灰褐色，分枝繁密；芽、嫩枝、叶柄、花梗均密被褐色绒毛；叶革质，狭椭圆形或倒卵状椭圆形；花直立，淡黄色而边缘有时红色或紫色，具甜浓的香蕉味芳香，花瓣6片，肉质，较肥厚，长椭圆形。花期3—5月，果期7—8月。

习性：喜肥，喜半荫，在弱荫下最利于生长，忌强烈阳光直射，夏季要注意遮荫。含笑为暖地木本花灌木，不甚耐寒，在温度10℃左右下越冬。不耐干燥瘠薄，但也怕积水，要求排水良好、肥沃的微酸性壤土，中性土壤也能适应。

分布：广植于我国各地，生于阴坡杂木林中，溪谷沿岸尤为茂盛。

应用：在园艺用途上主要是栽植小型含笑花灌木，芳香扑鼻，丛植或配植于草坪边缘、稀疏林下。以每年春季为最佳栽植时间。

菲吉果　*Feijoa sellowiana* (O. Berg) Burret

别名：南美稔　　**科属：**桃金娘科·野凤榴属

形态：常绿灌木。叶对生，椭圆形至长椭圆形，下面有稠密白色茸毛。花期5月，花单生，花瓣外面有白色茸毛，内面带紫色，雄蕊与花柱暗红色。

习性：中性植物，喜光，稍耐荫；喜温暖湿润气候，但能耐低温；对土壤要求不严，适生于排水良好、湿润肥沃的土壤；萌芽力强，耐修剪整形。

分布：原产于南美洲，现长江流域以南地区有引种栽培。

应用：以播种为主，也可扦插或压条繁殖。为新引种的绿化观赏树种，园林栽培以球形为主，也可列植、丛植或片植配置。

檵木 *Loropetalum chinense* (R. Br.) Oliver

别名： 桎木 白花檵木　**科属：** 金缕梅科·檵木属

形态： 常绿小乔木或灌木。小枝有淡棕色星状毛；单叶互生，椭圆状卵形，顶端突尖，基部偏斜而圆，下面有星状毛，全缘；花期3~5月，花3~8朵簇生于总梗上呈顶生头状花序，花瓣4枚，带状线形，淡黄白色；果期9—10月，蒴果木质，近卵圆形；种子呈椭圆形，黑色有光泽。

同属常用栽培变种：

红花檵木（var. *rubrum* Yieh）：叶片形状、大小与檵木相似，但叶与花均为紫红色；具体分为单面红、双面红、黑珍珠（叶色、花色最佳）。

习性： 阳性植物，喜光，稍耐荫，喜湿润肥沃的微酸性土壤；适应性强，耐寒，耐旱；发枝力强，耐修剪整形。

分布： 原产于湖南长沙岳麓山，现长江流域以南各地普遍栽植。

应用： 宜植于林缘、山坡地、路旁及园路转角处；老树桩古老奇特，适宜制作盆景。红花檵木叶红花美，可列植成花篱、片植成色块或修剪成球形，常与黄叶、绿叶灌木搭配，美化效果很好；园林应用可孤植、丛植、群植或作为色块、色篱；也可在檵木老桩上嫁接红花檵木而成为红叶红花的树桩盆景，观赏价值更高。以每年春季为最佳栽植时间。

地中海荚蒾 *Viburnum tinus* L.

科属： 荚蒾科·荚蒾属

形态： 常绿灌木。树冠呈球形，冠径可达3m。叶片椭圆形，深绿色，聚伞花序，单花小，花蕾粉红色，盛开后花白色，果卵形，深蓝黑色，花期在原产地从11月直到翌春4月，10月初便可见细小的黄绿色花蕾，随着花序的伸长，花蕾越来越密集覆盖于枝顶，颜色也逐步加深呈殷红色，远远望去像一片片红云，飘浮在墨绿色的树冠上，较容易分化花芽，幼树常见开花。

习性： 喜光，也耐荫，能耐-10~15℃的低温，在上海地区可安全越冬；对土壤要求不严，较耐旱，忌土壤过湿，要注意防治叶斑病和粉虱。

分布： 原产于欧洲地中海地区，现在我国长三角地区广泛种植。

应用： 适当控制营养生长，可使其在夏季或秋季开花，群植则可在一年中常见有花植株，花冠优美，花蕾殷红，花开时满树繁花，一片雪白，可孤植或群植，也可用作树球或庭园树。又因生长快速，枝叶繁茂，耐修剪，而适于作绿篱。

海桐　*Pittosporum tobira* (Thunb.) Ait.

别名: 山矾　**科属:** 海桐科·海桐属

形态: 常绿灌木或小乔木。叶聚生枝端,革质,倒卵形或狭倒卵形,边缘全缘,先端圆或钝,基部楔形;近伞形花序生于枝顶,有短柔毛;花有香气,初开时白色,后变黄;子房密被短柔毛;蒴果近球形,果皮木质。

习性: 对气候的适应性较强,能耐寒冷,亦颇耐暑热。喜肥沃湿润土壤,干旱贫瘠地生长不良,稍耐干旱,颇耐水湿。

分布: 分布于我国江苏南部、浙江、福建、台湾、广东等地。

应用: 株形圆整,四季常青,花味芳香,种子红艳,为著名的观叶、观果植物。还是构建海岸防潮林、防风林及矿区绿化的重要树种。以每年春季为最佳栽植时间。

金橘　*Citrus japonica* Thunb.

别名: 金桔　金豆　**科属:** 芸香科·柑橘属

形态: 常绿灌木。多枝,刺短;叶质厚,卵状披针形或长椭圆形,顶端略尖或钝,基部宽楔形或近于圆;单花或2~3花簇生,花白色;果椭圆形或卵状椭圆形,橙黄至橙红色,果肉味酸,果皮味甜,具特殊芳香。花期3—5月,果期10—12月。

习性: 喜温暖湿润,怕涝,喜光,但怕强光,夏季需适当遮荫,秋末气温低于10℃时应及时搬入室内,冬季室温最好能保持在6~12℃,温度过低易遭受冻害,过高会影响植株休眠,不利于来年开花结果,稍耐寒,不耐旱;要求富含腐殖质、疏松肥沃和排水良好的中性培养土,如果土壤偏酸也生长不好。

分布: 南北各地均有栽种,以台湾、福建、江西、湖南、广东、广西栽种的较多,其耐寒性远不如金柑,故五岭以北较少见。

应用: 果实金灿,是许多地方春节前夕的迎春花市常见果品盆栽,民间用以点缀新春气象,亦是庭园和园林常见的观叶观果树种,可修剪成球形或多种造型。

柑橘 *Citrus reticulata* Blanco

别名：桔子树　**科属：**芸香科·柑橘属

橘、柑、橙、金柑、柚、枳等的总称。

形态：常绿小乔木或灌木。小枝通常有刺，单身复叶，叶长卵状披针形，椭圆形或阔卵形，花黄白色，果扁球形，成熟时橙黄色或橙红色，果皮薄易剥离。3—4月开花，10—12月果熟。

习性：喜温暖湿润气候，耐寒性较柚、酸橙、甜橙稍强，在土层深厚、土壤pH值5.5~7.0、坡度低于25°的缓坡地生长良好。

分布：广泛分布于长江流域以南各省份，浙江各地有栽培。

应用：树姿整齐，春季满树盛开香花，秋冬黄果累累，黄绿色彩相间极为美丽。既是经济林又是园林绿化树种，富阳地区普遍栽植。一般在9—11月秋梢老熟后或2—3月春梢萌芽前栽植。

常山胡柚 *Citrus aurantium* 'Changshanhuyou'

科属：芸香科·柑橘属

形态：常绿小乔木，是柚与甜橙的杂交种。单身复叶，小枝有刺；花期4月，果期10月；果实呈梨形或偏圆形，果皮橙黄色，果形大，其果大如拳。肉色为淡黄色；产量高，耐储运。

习性：中性树种，喜光，幼树稍耐荫；适生性强，耐瘠、耐寒、耐贮藏，山地、平地均能良好生长；喜生于深厚、肥沃而排水良好的中性或微酸性砂质壤土，在过分酸性土壤及黏土地区生长不良。

分布：浙江省常山县特有的地方柑橘良种，是柚子与其他柑橘天然杂交而成，已有百余年的栽培历史。

应用：柚为亚热带重要果树之一，硕大的果实金黄悦目，芳香宜人，且挂果期长，具有很好的观赏价值。宜在庭园中孤植作庭荫树，也可在公园内列植作行道树或丛植配景。其果实可鲜食，根、叶、果皮均可入药，有消食化痰、理气散结之效。

大叶黄杨　*Buxus megistophylla* Lévl.

别名： 冬青卫矛　正木　　**科属：** 黄杨科·黄杨属

形态： 常绿小乔木或灌木。小枝绿色，近四棱形；叶椭圆形至倒卵形，缘有钝齿，革质，有光泽。3—4月开花，小花黄绿色；6—7月果熟，蒴果圆球形，假种皮橘红色。

园林中常用栽培变种有：

金边大叶黄杨（var.*aureo-marginatus*）：叶缘金黄色。

银边大叶黄杨（var.*alba-marginatus*）：叶缘银白色。

金心大叶黄杨（var.*aureo-variegatus*）：叶心金黄色。

习性： 中性植物，喜光，稍耐荫；喜温暖湿润气候，耐寒性差；生长缓慢，萌芽力强，极耐修剪整形；耐干旱瘠薄，稍耐盐碱，对烟尘与有毒气体有较强的抗性。

分布： 原产于日本，我国南北各地均有引种栽培，尤以长江流域为多。

应用： 大叶黄杨及其变种为优良的观叶树种，常修剪成球形、列植成绿篱或成片种植为色块图案，是公园、庭园和工厂绿化的好材料；花叶、斑叶变种还适宜盆栽，用于室内会场装饰等。

火棘　*Pyracantha fortuneana* (Maxim.) Li

别名： 火把果　救军粮　赤阳子　吉祥果　　**科属：** 蔷薇科·火棘属

形态： 常绿或半常绿灌木。枝条暗褐色，拱形下垂，幼时有锈色短柔毛，短侧枝常成刺状。单叶互生，倒卵状矩圆形，缘有钝锯齿，亮绿色。形优美，夏有繁花，秋有红果，果实存留枝头甚久，小梨果橘红色或鲜红色，挂果至翌年3月。

习性： 喜强光，耐贫瘠，抗干旱，耐寒；黄河以南露地种植，华北需盆栽，塑料棚或低温温室越冬，温度可低至−6℃。对土壤要求不严，而以排水良好、湿润、疏松的中性或微酸性土壤为好。

分布： 分布于我国黄河流域以南及广大西南地区；国外已培育出许多优良栽培品种。

应用： 适应性强，耐修剪，喜萌发，作绿篱具有优势，也可作为风景林地的配植，体现自然野趣；还可作盆景栽培，果枝亦是插花材料，更是治理山区石漠化的良好植物。

小丑火棘 *Pyracantha fortuneana 'Harlequin'*

科属： 蔷薇科·火棘属植物

形态： 常绿灌木。火棘新开发栽培变种，叶小，长椭圆形，春夏叶淡黄色，深秋至冬季为淡紫红色，并有黄白色花纹，似小丑花脸而得名。花期3—5月，果期8—11月。

习性： 阳性植物，喜光，稍耐荫，较耐寒；对土壤要求不严，耐干旱瘠薄，耐盐碱；萌芽力强，耐修剪；对有毒气体有一定的抗性。

分布： 主产于长江流域及以南各省区，现各地广为栽培。

应用： 火棘入夏时白花点点，入秋后红果累累，是观花、观果的优良树种。小丑火棘为新开发的观叶植物，在园林中可孤植、丛植、片植或作绿篱配置，常与绿色、黄色或红色小灌木组成色块图案，也可整修成球形；果枝还是瓶插的好材料，红果经冬不落。火棘老桩古雅多姿，可制作为盆景欣赏；小苗经造型可扎成微型盆景，也很别致。

石楠 *Photinia serratifolia* (Desf.) Kalkman

别名： 石楠柴 扇骨木　**科属：** 蔷薇科·石楠属

形态： 常绿灌木或中型乔木。圆形树冠，枝褐灰色，全体无毛；叶丛浓密，叶片革质，长椭圆形、长倒卵形或倒卵状椭圆形，早春幼枝嫩叶为紫红色，枝叶浓密，老叶经过秋季后部分出现赤红色；复伞房花序顶生，夏季密生白色花朵；果实球形，秋后鲜红果实缀满枝头，鲜艳夺目。花期4—5月，果期10月。

习性： 喜光，稍耐荫，深根性，对土壤要求不严，但以肥沃、湿润、土层深厚、排水良好、微酸性的砂质土壤最为适宜，能耐短期−15℃的低温，喜温暖湿润气候，在焦作、西安及山东等地能露地越冬。萌芽力强，耐修剪，对烟尘和有毒气体有一定的抗性。

分布： 广泛分布于全国各地，浙江有自然分布，也有广泛栽培。

应用： 一种观赏价值极高的常绿阔叶乔木，作为庭荫树或作绿篱栽植效果更佳。根据园林绿化布局需要，可修剪成球形或圆锥形等不同的造型。在园林中孤植或基础栽植均可。

椤木石楠　*Photinia davidsoniae* Rehd. et Wils.

别名： 椤木　千年红　　**科属：** 蔷薇科·石楠属

形态： 常绿中小乔木或灌木。树干、枝条上有刺；叶革质，长圆形或倒卵状披针形，有细锯齿；花序梗、花柄贴生短柔毛；果实黄红色。花期5月，果期9—10月。

习性： 阳性植物，喜光，稍耐荫；喜温暖湿润环境，较耐寒；耐干旱瘠薄，忌水渍和排水不良的黏土；生长缓慢，萌芽力强，耐修剪。

分布： 原生种生长于海拔600~1000m灌丛中，分布于我国秦岭以南各地。

应用： 适宜作高篱，因枝干有刺，隔离效果好；常见栽培于庭园及墓地附近，冬季叶片常绿并缀有黄红色果实，颇为美观。木材可用于制作农具，也可用作林区及城乡防火树种。

红叶石楠　*Photinia × fraseri* Dress

科属： 蔷薇科·石楠属

形态： 常绿小乔木。杂交种，株形紧凑，叶革质，长椭圆形至倒卵披针形，春季新叶红艳，夏季转绿，秋、冬、春三季呈现红色，霜重色愈浓，低温色更佳。花期4—5月。梨果红色，能延续至冬季，果期10月。

习性： 喜温暖、潮湿、阳光充足的环境，耐寒性强，能耐最低温度-18℃，喜强光照，也有很强的耐荫能力。适宜各类中肥土质，耐土壤瘠薄，有一定的耐盐碱性和耐干旱能力，不耐水湿。

分布： 我国华东、中南及西南地区有栽培，随着城市园林绿化的蓬勃发展，各地均有引种栽培。

应用： 枝繁叶茂，树冠圆球形，早春嫩叶绛红，初夏白花点点，秋末累累赤实，冬季老叶常绿，且生长速度快，萌芽性强，耐修剪，可根据园林需要栽培成不同的树形，在园林绿化上用途广泛。每年春季为最佳栽植时间。

枸骨 *Ilex cornuta* Lindl. & Paxton

别名： 八角刺 鸟不宿 **科属：** 冬青科·冬青属

形态： 常绿灌木或小乔木。树皮灰白色；叶片厚革质，深绿色，四角状长圆形或卵形，先端具 3 枚尖硬刺齿，中央刺齿常反曲，基部圆形或近截形，两侧各具 1~2 刺齿，有时全缘（此情况常出现在卵形叶）；核果球形，成熟时鲜红色。花期 4—5 月，果期 10—12 月。

习性： 耐干旱，喜肥沃的酸性土壤，不耐盐碱。较耐寒，长江流域可露地越冬，能耐−5℃的短暂低温。喜光，也能耐荫，宜放于阴湿的环境中生长。夏季需在荫棚下或林荫下养护，冬季需入室越冬。

分布： 原产于我国长江中下游各地，现各地庭园常有栽培。

应用： 叶形奇特，碧绿常青，入秋后红果满枝，经冬不凋，是优良的观叶、观果树种。宜作基础种植及岩石园材料，也可孤植于花坛中心、对植于前庭或路口，或丛植于草坪边缘。同时又是很好的绿篱及盆栽材料，选其老桩制作盆景亦饶有风趣，果枝可供瓶插。春季栽种最佳。

无刺枸骨 *Ilex cornuta* 'Fortunei'

科属： 冬青科·冬青属

形态： 常绿灌木或小乔木。枸骨的自然变种。无主干，基部以上开叉分枝；叶硬革质，椭圆形，全缘，叶尖为骤尖，较硬，叶面碧绿有光泽，叶互生；花米色；果球形，成熟后红色，果经冬不凋。花期 4—5 月，果期 10—12 月。

习性： 喜光，喜温暖，湿润和排水良好的酸性和微碱性土壤，有较强抗性。在−8~10℃气温，生长良好。适应性强，最适宜长江流域生长，耐修剪。

分布： 分布于长江中下游各地，现全国各地庭园常有栽培。

应用： 枝繁叶茂，叶形奇特，浓绿有光泽，经修枝整形可制作成大树形、球形及树状盆景，是良好的观果、观叶、观形的观赏树种。一般采用夏插育苗或秋插育苗为主要繁殖技术，栽种季节以每年春季最佳。

龟甲冬青 *Ilex crenata* var. *convexa* Makino

别名: 小叶冬青　**科属:** 冬青科·冬青属

形态: 常绿灌木。钝齿冬青的变种。叶小,椭圆形,厚革质,互生,全缘,叶面反拱呈龟背状,新叶嫩绿色,有光泽,老叶墨绿色。花期5—6月,果期10月。

同属栽培品种:

金叶钝齿冬青(*Ilex crenata* 'Goldengem'):株形低矮紧凑,生长缓慢;叶小,长椭圆形,叶缘有细锯齿,春夏叶金黄色。

习性: 中性植物,喜光,耐半荫;适应性强,耐低温,耐干旱、瘠薄,忌水湿;对有毒气体有一定的抗性;萌发力强,耐修剪。

分布: 分布于长江流域及以南各省份。

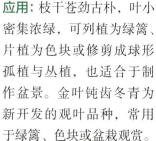

应用: 枝干苍劲古朴,叶小密集浓绿,可列植为绿篱、片植为色块或修剪成球形孤植与丛植,也适合于制作盆景。金叶钝齿冬青为新开发的观叶品种,常用于绿篱、色块或盆栽观赏。

珊瑚树 *Viburnum odoratissimum* Ker.-Gawl.

别名: 法国冬青 青珊瑚　**科属:** 荚蒾科·荚蒾属

形态: 常绿灌木或小乔木。枝干挺直,树皮灰褐色,具有圆形皮孔;叶对生,长椭圆形或倒披针形,表面暗绿色光亮,背面淡绿色,终年苍翠;圆锥状伞房花序顶生,3—4月间开白色钟状小花,芳香;花退却后显出椭圆形的果实,初为橙红,之后红色渐变为紫黑色,形似珊瑚,观赏性很高,故而得名。

习性: 喜温暖、稍耐寒,喜光稍耐荫。在潮湿、肥沃的中性土壤中生长迅速旺盛,也能适应酸性或微碱性土壤。根系发达、萌芽性强。耐修剪,对有毒气体抗性强。

分布: 原产于我国,各地广为栽培。

应用: 具有较强的抗烟雾、防风固尘、减少噪声作用,通常用于道路绿化、绿篱、墙篱等;耐火力较强,也用于森林防火隔离带。适宜在春季栽植。

夹竹桃 *Nerium oleander* L.

别名：柳叶树 洋桃梅 **科属：**夹竹桃科·夹竹桃属

形态：常绿直立大灌木。枝条灰绿色，含水液，嫩枝条具棱；叶片如柳似竹；聚伞花序顶生，花冠深红色或粉红色，栽培演变有白色或黄色，花冠为单瓣呈 5 裂时，其花冠为漏斗状、重瓣。花期几乎全年，夏秋最盛。

习性：喜光，喜温暖湿润的气候，不耐寒；耐旱力强，对土壤要求不严，在碱性土上也能生长。

分布：我国各省区有栽培，尤以南方为多，常在公园、风景区、道路旁或河旁、湖旁栽培。

应用：有名的观赏花卉。具有抗烟雾、抗灰尘、抗毒物和净化空气、保护环境的能力。全植株含多种配醣体，毒性极强。栽植时间以秋季和春季为宜，秋季 10 月下旬至 11 月下旬，春季 3 月上旬至 4 月上旬。

胡颓子 *Elaeagnus pungens* Thunb.

别名：羊奶子 蒲颓子 **科属：**胡颓子科·胡颓子属

形态：常绿小乔木或灌木。树冠开展，枝有刺，小枝锈褐色，被鳞片。单叶互生，革质，椭圆形至矩圆形，端钝或尖基部圆形。10—11 月开花，银白色，下垂，有芳香；次年 5—6 月果熟，椭圆形，外种皮红色，被锈色鳞片。

同属栽培变种：

金边胡颓子（var.*aurea*）：叶片边缘金黄色。

银边胡颓子（var.*variegata*）：叶片边缘银白色。

金心胡颓子（var.*Maculata*）：叶片金黄色并有色斑。

习性：阳性植物，喜光，稍耐荫；喜温暖环境，亦耐寒；对土壤要求不严，从酸性到微碱性土壤都能生长；耐干旱瘠薄，稍耐水湿，对有害气体有较强的抗性。

分布：分布于我国长江流域以南各地。

应用：叶色秀丽，花吐芬芳，红色小果似小红灯笼缀满枝头，十分雅致，并有金边、银边、金心等观叶变种，宜配植于林缘、道旁，也可修剪成球形，植于庭园观赏；由于其对有害气体有较强的抗性，也适于作为工矿厂区绿化。

栀子　*Gardenia jasminoides* Ellis

别名: 水栀子 栀子花　　**科属:** 茜草科·栀子属

形态: 常绿灌木。单叶对生或 3 叶轮生,叶片革质,长椭圆形或倒卵状披针形,全缘;花单生于枝端或叶腋,白色,有浓郁芳香,花期 5—6 月。

同属常用栽培种:

小叶栀子花（*G. radicans*）:别名雀舌栀子,匍匐状多分枝小灌木,株形低矮,枝平卧伸展,叶小而狭长,花重瓣。中性植物,喜光,耐半荫,忌曝晒;喜温暖湿润环境,不甚耐寒;喜肥沃、排水良好的酸性土壤,在碱性土壤栽植易黄化;萌蘖力强,耐修剪更新。

习性: 喜温暖湿润气候,好阳光,但又不能经受强烈阳光照射,适宜生长在疏松、肥沃、排水良好、轻黏性酸性土壤中,抗有害气体能力强,萌芽力强,耐修剪,是典型的酸性花卉。

分布: 生于丘陵山地或山坡灌木林中,主要分布于中南、西南及江苏、安徽、浙江、江西、福建、台湾等地。

应用: 枝叶繁茂,终年常绿,开花时节花朵如积雪,人行其间,芳香扑鼻,绿化、美化、香化效果甚佳;且有较强的抗有害气体及吸滞粉尘的能力,是城市绿化的优良树种。可用于庭园、池畔、阶前、路旁孤植或丛植,也可列植作花篱、片植成色块或作盆栽观赏,花还可作插花和佩带装饰。每年春季为最佳栽植时间。

十大功劳　*Mahonia fortunei* (Lindl.) Fedde

别名: 狭叶十大功劳 黄天竹 土黄柏　　**科属:** 小檗科·十大功劳属

形态: 常绿灌木。奇数羽状复叶,小叶互生,革质,狭披针形,端急尖,基部楔形,边缘有刺齿。花期 7—8 月,花小,黄色,成直立总状花序;11—12 月果熟,浆果圆形或长圆形,蓝紫色,被白粉。

习性: 中性植物,喜光,稍耐荫;适应性强,耐寒,抗干旱;对有毒气体有一定的抗性。

分布: 主要分布于四川、湖北和浙江等地。

应用: 枝叶苍劲,黄花成簇,是庭园花境、花篱的好材料;常植于庭园、林缘及草地边缘,或作绿篱及基础种植;其对有毒气体有抗性,也可用于厂矿绿化。全株可药用,具有滋阴强壮、清凉、解毒等功效。

阔叶十大功劳 *Mahonia bealei* (Fort.) Carr.

别名：猫耳刺　**科属：**小檗科·十大功劳属

形态：常绿灌木。茎干丛生直立，全株无毛；奇数羽状复叶，伞形平展，小叶阔卵形，厚革质，端渐尖，基部广楔形或近圆形，边缘有刺锯齿；叶面有光泽，叶背黄绿色。4—5月开花，鲜黄色，有香味；浆果卵形，9—10月成熟，蓝黑色，被白粉。

习性：中性植物，喜光，较耐荫；喜温暖湿润气候，不耐严寒；对土壤要求不严，适应性强；对二氧化硫抗性强，但对氟化氢危害较为敏感。

分布：主产于陕西、安徽、浙江、福建、湖北、四川、广东等地；多生于山坡及灌丛中；华东、中南各地园林中常见栽培观赏；华北地区以盆栽为主。

应用：叶形奇特秀丽，早春黄花喷芳吐艳，宜与山石配置，也宜丛植、群植于树坛和墙下，或作为林缘栽植；因其对有毒气体有一定的抗性，可用于厂矿绿化。

南天竹 *Nandina domestica* Thunb.

别名：天烛子　红枸子　**科属：**小檗科·南天竹属

形态：常绿小灌木。植株优美，叶互生，羽状复叶，革质，椭圆形或椭圆状披针形，深绿色，冬季变红；花小，白色，具芳香气味；浆果球形，成熟时鲜红色，少有橙红色。花期3—6月，果期5—11月。

习性：喜温暖湿润的环境，较耐荫，也耐寒，容易养护，适合肥沃、排水良好的砂质壤土。对水分要求不甚严格，既能耐湿也能耐旱。较喜肥，可多施磷、钾肥。

分布：南方各地均有分布。目前有栽培变种火焰南天竹，秋冬季大量的叶片颜色转为鲜艳的橙红色。

应用：树形优美，秋冬叶色变红，红果经久不落，是赏叶观果的佳品，在公园、庭园、小区绿化中普遍栽植；植株全株有毒。栽植时间以秋季和春季为宜，最佳为10月下旬至11月下旬、3月上旬至4月上旬。

火焰南天竹　*Nandina domestica* 'Firepower'

科属： 小檗科·南天竹属

形态： 常绿小灌木。南天竹栽培种。二回三出复叶，偶尔有羽状复叶，叶片卵形、长卵形或卵状长椭圆形，全缘，两面无毛。幼叶为暗红色，后变绿色或带红晕。入冬呈红色，红叶经冬不凋。圆锥花序直立，花白色，具芳香；浆果球形，熟时鲜红色，稀橙红色。种子扁圆形。3—6月开花，5—11月结果。

习性： 喜光，喜温暖湿润的气候；对土壤要求不严，喜欢疏松排水的土壤中生长，在干旱瘠薄的土壤中生长缓慢。

分布： 为上海园林科学研究所2010年选育品种，现广泛分布于各地园林应用中。

应用： 优良的彩叶植物。可全植于庭园房前、疏林下、草地边缘或公园路转角处，具有耐荫性，因而也可配植在树下、楼北。在园林中常与山石、沿阶草、杜鹃配植成小品种植于角隅、墙前。

云南黄馨　*Jasminum mesnyi* Hance

别名： 野迎春　　**科属：** 木樨科·素馨属

形态： 常绿或半常绿半蔓性灌木。枝长达3~5m，枝细长拱形，新枝具四棱，小枝无毛；单叶或三出复叶混生，小叶对生，长椭圆状披针形，先端渐大，基部宽楔形。花单生，苞片小，花冠金黄色，花期3—4月，通常不结果。

习性： 中性植物，喜光，稍耐荫；喜温暖湿润气候，亦较耐寒；对土壤要求不严，耐干旱，怕涝；根部萌蘖力强，枝条着地部分极易生根。

分布： 原产云南，南方庭园中常见栽植，北方则温室盆栽。

应用： 枝叶垂悬，婀娜多姿，春季黄花绿叶相衬，宜栽于堤岸、岩边、台地、阶前，或片植于林缘坡地；温室盆栽常编扎成各种形状用作观赏。

杜鹃花 *Rhododendron simsii* Planch.

别名: 杜鹃 映山红 **科属:** 杜鹃花科·杜鹃花属

形态: 常绿或半常绿灌木。枝细而丛生,叶互生,卵形或椭圆形,先端尖,基部楔形,全缘,两面有毛。花期3—6月,花2~6朵簇生枝端,花冠钟形或漏斗形;花色丰富,有粉红、玫瑰红、淡紫、粉白、白、红白相间等色。

习性: 中性植物,喜半荫,忌烈日直射;喜温暖湿润环境,不甚耐寒;宜生长于疏松、肥沃的酸性土壤,在碱土中生长易发生黄化,忌积水。

分布: 杜鹃花栽培种国内各省份均有应用。映山红为典型酸性土指示植物,分布于我国长江流域及珠江流域;映山红喜光,忌烈日暴晒,喜排水良好的微酸性土壤,忌含石灰质碱土,怕涝、怕旱,多生于海拔500~2500m的山地疏灌丛或松林下。

应用: 杜鹃花远在古代即被誉为"花中西施",系全国十大名花之一。杜鹃开花期长,可群植于疏林下,或在花坛、树坛、林缘作色块布置,也可盆栽观赏。

杜鹃园林中常用的分春鹃、夏鹃两大类;映山红基本为山地移栽后园林化栽培应用。

马缨丹 *Lantana camara* L.

别名: 五色梅 臭草 **科属:** 马鞭草科·马缨丹属

形态: 直立或蔓性的灌木。植株有臭味,有时藤状;茎枝均呈四方形,有短柔毛,通常有短而倒钩状刺。单叶对生,揉烂后有强烈的气味,叶片卵形至卵状长圆形,顶端急尖或渐尖,边缘有钝齿,表面有粗糙的皱纹和短柔毛;头状花序腋生,花冠黄色、橙色、粉红色至深红色,全年开花;果圆球形,成熟时紫黑色。

习性: 喜高温高湿的环境,耐旱耐热耐贫瘠,但抗寒能力较差,常生长于海拔80~1500m的海边沙滩和空旷地区。对土质要求不严,以肥沃、疏松的砂质土壤为佳。生性强健,在热带地区全年可生长,冬季不休眠。

分布: 原产美洲热带地区,世界热带地区均有分布;栽培种广泛分布于我国南方各省份。

应用: 叶花两用观赏植物,花期长,全年均能开花,最适期为春末至秋季。繁殖力强、生长快,既能单生、群生,又能和其他乔、灌、草混生;既可集中成片在行道树下、花园、庭园、花坛等作为配置植物,亦可单独种植花钵内作为优美别致的盆栽花;根系发达,对减少风吹雨冲地表、固土截流、涵养水源、改良土壤、提高肥力、改善生态环境的作用明显,是应用于生态修复的优良灌木树种。

伞房决明　*Senna corymbosa* (Lam.) H.S.Irwin & Barneby

科属： 豆科·决明属

形态： 常绿或半常绿灌木。多分枝，枝条平滑，叶长椭圆状披针形，叶色浓绿，由3~5对小叶组成复叶；花期9—10月，花圆锥伞房状，鲜黄色，花瓣阔，3~5朵腋生或顶生；先期开放的花朵，先长成纤长的豆荚，荚果圆柱形，长6~12cm。花实并茂，果实挂至次年春季。

习性： 阳性树种，喜光；较耐寒，暖冬不落叶；对土壤要求不严，耐干旱瘠薄；生长快，耐修剪。

分布： 原产于南美洲，我国华北及以南地区广泛引种栽培。

应用： 多杆丛生，植株繁茂，春夏枝叶青翠，秋季黄花满枝，观叶观花皆佳。宜在园林绿化中装饰林缘，或作低矮花坛、花境的背景材料，孤植、丛植和群植均可，也可用于道路两侧绿化或作色块布置。

金森女贞　*Ligustrum japonicum* 'Howardii'

别名： 哈娃蒂女贞　　**科属：** 木樨科·女贞属

形态： 常绿灌木或小乔木。枝叶稠密，节间短；叶革质，厚实，有肉感；春季新叶鲜黄色，冬季转为褐黄色；花期5—6月，小花奶白色，具浓香；10月果熟，呈紫色。

同属栽培变型：

花叶女贞（*Ligustrum japonicum* 'Jack Frost'）：别名银姬小蜡，常绿多枝丛生灌木或小乔木。整株细密，直立性强，冠形紧凑，叶全缘，银绿色，叶缘镶有宽窄不规则的乳白色边环。整株色彩斑斓，一年萌发4次新梢；花冠白色，芳香，花期4—6月。

习性： 中性植物，喜光，耐半荫；适应性强，既耐高温又耐寒，35℃以上高温不会影响其生态特性和观赏特性，耐寒性强，可耐−9.8℃低温；抗干旱，病虫害少；对土壤要求不严格，酸性、中性和微碱性土壤均可生长。金叶期长，春、秋、冬三季金叶占主导，只有夏季持续高温时会出现部分叶片转绿的现象。

分布： 原产日本，现我国各地有栽培，为日本女贞的变种。生长于低海拔的林中或灌丛中。

应用： 生长迅速，根系发达，耐修剪，萌芽力强，叶色金黄，株形美观，是优良的绿篱树种，可作界定空间、遮挡视线的园林外围绿篱，也可植于墙边、林缘等半荫处，可遮挡建筑基础，丰富林缘景观的层次。观叶、观花和观果兼有，观赏性强。每年春季为最佳栽植时间。

瓜子黄杨　*Buxus sinica* (Rehder & E. H. Wilson) M. Cheng

别名: 小叶黄杨　**科属:** 黄杨科·黄杨属

形态: 常绿灌木或小乔木。叶对生,厚革质,倒卵形或椭圆形。先端圆或微凹,全缘,因近似南瓜子而得名;表面暗绿色,背面黄绿色,冬季叶色褐红。花期4月,果期7月,蒴果球形。

习性: 中性植物,喜光,稍耐荫;喜温暖,在庇荫湿润条件下生长良好;喜疏松肥沃的砂质土壤,耐碱性较强;萌芽力强,耐修剪;生长缓慢,寿命长。

分布: 分布于华北、华东、华南及西南地区,栽培历史悠久。

应用: 枝叶茂盛,四季常绿,一般用作绿篱或修剪成球形,也可植于疏林下或林缘,并可与红花檵木、金边大叶黄杨等灌木组成色块。对多种有毒气体抗性强,能净化空气,是厂矿绿化的优良树种。

雀舌黄杨　*Buxus bodinieri* Lévl.

别名: 细叶黄杨　**科属:** 黄杨科·黄杨属

形态: 常绿灌木。分枝多而密集,成丛;叶形细长,倒披针形或倒卵状椭圆形,顶端钝圆而微凹,因似麻雀之舌而得名,表面绿色、光亮,叶柄极短。

习性: 中性植物,喜光,耐半荫;喜温暖湿润和阳光充足环境,较耐寒,耐干旱;喜疏松肥沃和排水良好的砂壤土;萌芽力强,耐修剪;生长缓慢,抗污染,寿命长。

分布: 主要分布于华南地区,现各地普遍有栽培应用。

应用: 枝叶繁茂,叶形别致,四季常青,常用于绿篱、花坛和盆栽,也可修剪成各种形状,是点缀小庭园和密植成各种字体图案的好材料。

金边六月雪　*Serissa japonica 'Variegata'*

别名： 满天星　白马骨　　**科属：** 茜草科·白马骨属

形态： 常绿或半常绿灌木。分枝多而稠密显纷乱，叶小，对生，薄革质，叶缘金黄色，狭椭圆状披针形，叶面和叶柄均具白色微毛。花期5—6月，花朵小，单生或数朵簇生于小枝顶部，白色微带红晕，花冠漏斗状。

习性： 中性植物，喜光，耐半荫；喜温暖湿润环境，不甚耐寒；适应性强，耐干旱贫瘠土壤；萌芽、萌蘖力均强，耐修剪整形。

分布： 原产于江苏、浙江、江西、广东等省，日本也有分布。

应用： 初夏繁花点点，一片白色，至秋天开花不断；适应性强，可丛植或群植于林下、河边、墙旁，也可作花径、花境、花篱及下木配植。老桩古雅多姿，可制作为盆景欣赏；小苗经造型扎成微型盆景，也很别致。

金丝桃　*Hypericum monogynum* L.

别名： 土连翘　　**科属：** 金丝桃科·金丝桃属

形态： 半常绿小乔木或灌木。丛状或通常有疏生的开张枝条；茎红色，皮层橙褐色；叶对生，叶片倒披针形或椭圆形至长圆形；花瓣金黄色至柠檬黄色，三角状倒卵形，花冠如桃花，雄蕊金黄色，细长如金丝；蒴果宽卵珠形或稀为卵珠状圆锥形至近球形，种子深红色；花期6—7月。

习性： 温带树种，喜湿润半荫；不甚耐寒，秋末寒流到来之前在它的根部拥土，以保护植株安全越冬。

分布： 全国大部分地区均有分布。

应用： 花叶秀丽，是南方庭园的常用观赏花木。可植于林荫树下，或者庭园角隅等。它配植于玉兰、桃花、海棠、丁香等春花树下，可延长景观；也常作花径两侧的丛植，花时一片金黄，鲜明夺目，艳丽异常。每年春季为最佳栽植时间。

八角金盘　*Fatsia japonica* (Thunb.) Decne. et Planch

别名: 八金盘　八手　**科属:** 五加科·八角金盘属

形态: 常绿灌木。常数杆丛生,叶大掌状,深裂成叶约8片,看似有8个角而得名;叶边缘有锯齿或波状;10—11月开花,白色,伞形花序集成圆锥花序,顶生;翌年4月果熟,浆果近球形,紫黑色,外被白粉。

习性: 阴性植物,极耐荫;喜温暖湿润环境,不甚耐寒;较耐湿,忌干旱,畏酷热和强光暴晒,在荫蔽的环境和湿润的土壤中生长良好;萌蘖性强。

分布: 原产于我国台湾地区,以及日本;现长江流域以南地区普遍有栽植应用。

应用: 叶形大而奇特,叶丛四季油光青翠,叶片像一只只绿色的手掌,是优良的观叶植物,适宜配置于庭前、门旁、窗边、墙隅、立交桥下或片植作疏林的下层植被;北方常盆栽,供室内绿化观赏;其对二氧化硫抗性较强,也是厂矿、街道绿化的好材料。

熊掌木　*Fatshedera lizei* (Hort. ex Cochet) Guillaumin

别名: 五角金盘　**科属:** 五加科·五角金盘属

形态: 熊掌木为法国植物专家于1912年用八角金盘(*Fatsia japonica*)与常春藤(*Hedera helix*)杂交培育而成。常绿半蔓性植物,高可达1m以上;茎初生时呈草质,后渐转木质化。单叶互生,掌状五裂,叶端渐尖,叶基心形全缘;新叶密被毛茸,老叶浓绿而光滑。成年植株在秋季开淡绿色小花。

习性: 阴性植物,耐荫性强,遇强光直射叶片易黄化;喜温暖和冷凉环境,忌高温,有一定的耐寒力;喜较高的空气湿度,若气温过热,枝条下部叶片易脱落;栽培用土以腐叶土或腐殖质壤土为宜。

分布: 杂交品种,在法国培育而成。现我国长江流城以南地区广为栽培。

应用: 叶形奇特美观,叶色四季青翠,且具极强的耐荫能力,适宜在树林下、立交桥下、房前屋后庇荫处列植、丛植或片植,绿化效果甚好。

洒金桃叶珊瑚　*Aucuba japonica* var. *variegata* Dombrain

别名：花叶青木　洒金东瀛珊瑚　　**科属：**丝缨花科·桃叶珊瑚属

形态：常绿灌木。丛生，小枝粗圆；叶对生革质，椭圆形至长椭圆形，先端急尖或渐尖，基部广楔形，叶缘疏生锯齿，叶面散生大小不等的黄色或淡黄色斑点。雌雄异株，3—4月开花，花紫色；浆果状核果短椭圆形，11月成熟，果皮鲜红色。

习性：阴性植物，极耐荫，夏日阳光暴晒时会引起灼伤而焦叶；喜湿润、排水良好的肥沃土壤；不甚耐寒，对烟尘和大气污染的抗性强。

分布：原产于日本和朝鲜半岛；现我国南方各省份广泛栽培。

应用：十分优良的耐荫树种，叶片黄绿相映，似洒金点状，十分美丽，宜配植于门庭两侧树下、庭园角隅、池畔湖边及溪流林下；在华北地区多见盆栽，供室内布置厅堂、会场之用。

蚊母树　*Distylium racemosum* Siebold & Zucc.

别名：蚊子树　　**科属：**金缕梅科·蚊母树属

形态：常绿小乔木或灌木。树冠开展，叶互生，革质，椭圆形或倒卵形，顶端钝，基部宽楔形。花期4月，总状花序腋生，花于新叶展放后开放，萼齿大小不等，无花瓣，花药深红色。果期10月，蒴果木质，卵圆形，顶端具2尖头，成熟时2瓣裂。

习性：中性植物，喜光，稍耐荫，喜温暖湿润气候；对土壤要求不严，但排水必须良好；萌芽力强，耐修剪。

分布：分布于我国浙江、福建、台湾和广东等地；朝鲜半岛也有分布。

应用：普通绿化树种，可种植于路旁、公园、草坪内外以及大乔木下，也可用于工矿厂区绿化。

金叶大花六道木 *Abelia × grandiflora 'Francis Mason'*

别名： 六条木 双花六道　　**科属：** 忍冬科·糯米条属

形态： 常绿或半常绿灌木。幼枝被倒生刚毛；叶对生或3叶轮生，叶卵形至卵状椭圆形，全缘或疏生粗齿，具缘毛，先端尖至渐尖。双花生于枝鞘，无总梗；花冠白色至淡红色，裂片4片，花萼筒被短刺毛；花期5—11月，少数花开至12月。瘦果圆柱形，微弯，疏被刺毛。

习性： 中性植物，喜半荫；适应性强，对土壤要求不高，酸性和中性土壤都可以，耐干旱瘠薄；萌蘖力很强，耐修剪。

分布： 原产于江西、湖南、湖北、四川等地。

应用： 枝条柔顺下垂，树姿婆娑，无论是作为园中配植，还是用作绿篱和花境的群植，都很合宜；开花时节满树白花，玉雕冰琢，晶莹剔透；更为可贵的是即使白花凋谢，红色的花萼还可宿存至冬季，具有较高的观赏价值。

滨柃 *Eurya emarginata* (Thunb.) Makino

科属： 五列木科·柃属

形态： 常绿灌木。嫩枝圆柱形，密生黄棕色短柔毛。叶革质，倒卵形，圆头，常微凹，边缘有细锯齿。花白色，单生或簇生叶腋。浆果球形，成熟时蓝黑色。

习性： 中性植物，喜光，耐半荫；喜温暖、阴湿环境，要求肥沃而排水良好的土壤；生长缓慢，抗潮抗风力强，耐盐碱。

分布： 分布于我国东南部滨海山地疏林中；日本也有分布。

应用： 适于海岸园林绿化荫蔽地丛栽，或作绿篱，也可盆栽用于制作盆景。

香泡树　*Citrus medica* L.

别名： 枸橼　**科属：** 芸香科·柑橘属

形态： 常绿小乔木或灌木。叶大，单叶，稀兼有单身复叶，叶子椭圆形或卵状椭圆形，叶缘有浅钝裂齿，叶革质，叶片有淡淡清香；枝具短而硬的刺，有些甚至退化；果实长椭圆形或卵圆形，硕大如足球，果顶有乳状突起，熟时柠檬黄色，果皮粗厚而芳香，瓤囊细小，12~16 瓣，果汁黄色，味极酸而苦；种子 10 枚左右，卵圆形。花期 4—5 月，有时夏秋季也会开花，果期 10—11 月。

同属常用栽培种：

香橼： 新生嫩枝、芽及花蕾均暗紫红色，叶片有较浓香气；果椭圆形、近球形或纺锤形，果实底部有一个凸起小圈，成熟果实大小同柠檬，果皮淡黄色，粗糙，难剥离，果肉无色，近于透明或淡乳黄色，爽脆，味酸或略甜，有香气；种子小。香橼树带长刺，刺比较多。

习性： 喜光，喜温暖湿润气候，雨水充足地区生长良好，在排水良好而较肥的壤土、砂壤土、黏壤土均可生长，在 pH 值 6.5~7.5 的砂壤土栽植生长最好；忌干旱，怕严霜，不耐严寒。

分布： 在江苏、浙江、江西、安徽、湖北、四川等地均有广泛栽培应用。

应用： 四季常绿的芳香型高级景观物种。一年开花多次，芳香怡人，果实硕大，其色金黄，悬垂枝头，倍加秋色。适宜作为别墅庭园、公共绿地、休闲公园的绿化和行道树等，移栽成活率高。栽种时间以早春为佳。

枇杷 *Eriobotrya japonica* (Thunb.) Lindl.

科属： 蔷薇科·枇杷属

形态： 常绿小乔木。小枝和叶片背面均密生锈色或灰棕色绒毛；叶片革质，披针形或椭圆长圆形，状如琵琶，上部边缘有疏锯齿，呈长椭圆形；花米黄色；果实球形或长圆形，成熟时黄色或橘黄色，成束挂在树上，外有锈色柔毛，不久脱落；种子球形或扁球形；花期10—12月，果期5—6月。

习性： 喜光，稍耐荫，喜温暖气候和肥水湿润、排水良好的土壤，稍耐寒，不耐严寒，生长缓慢；对土壤要求不严，适应性较广，一般土壤均能生长结果。

分布： 原产于我国浙江、江西、湖南、四川、福建、台湾等南部各省。

应用： 杭州临平的塘栖软条白沙、苏州东山（照种白沙枇杷）、苏州西山（青种枇杷）和福建莆田的宝坑解放钟，为我国三大枇杷产地。作为庭园树种和经济林树种亦在富阳区域有广泛栽植。其花、果、叶均可入药。栽植时间为萌芽前3月下旬至4月上旬，也可在梅雨期5—6月或10月进行。

2.2　落叶小乔木与灌木

梅　*Prunus mume* Siebold & Zucc.

别名: 红梅　梅花　　**科属:** 蔷薇科·李属

形态: 落叶小乔木。高约6~8m,树干紫褐色,多纵驳纹;常有枝刺,小枝青绿色。叶广卵形至卵形,先端长渐尖或尾尖,缘具细锐锯齿,基部阔楔形或近圆形;幼时两面被短柔毛,后多脱落,老叶仅在背面脉上有毛,托叶脱落性。花期2月中旬至3月中旬,先花后叶,有红、粉红、奶白、淡绿诸色,重瓣,一般不结果。

同属栽培品种:

青梅(*Vatica mangachapoi* Blanco):花单瓣,能结果;核果球形,5—6月果熟,熟时橙黄色,密被短柔毛,味酸,核面有小凹点,与果肉黏着。

习性: 阳性树种,喜光不耐荫;宜阳光充足、通风良好的环境,过荫时树势衰弱,开花稀少甚至不开花;喜温暖气候,亦耐寒,喜较高的空气湿度,也有较强的抗旱性;对土壤的要求不严但土质黏重、排水不良时易烂根死亡。

分布: 原产于我国西南地区,现华北以南各地广泛栽植。

应用: 梅花历来被视为不畏强暴、勇于抗争和坚贞高洁的象征,古人常把松、竹、梅配成"岁寒三友"。园林中常用孤植、丛植或群植等方式配置在屋前、石间、路旁和塘畔,美化效果甚好。梅之古桩可制作盆景,疏枝横斜,苍劲古雅,观赏价值很高。

桃　*Prunus persica* L.

别名: 桃树　桃子　　**科属:** 蔷薇科·李属

形态: 落叶小乔木。高约5~7m,树冠开张;小枝无毛,芽有灰色绒毛,常3芽并生,两侧为花芽;叶椭圆状披针形,先端渐尖,浅绿色,叶柄长,顶端具腺体;花期3月,先叶开放,单瓣,粉红色,花后能结果;核果卵球形或卵状椭圆形,果期有早晚,早熟品种5—6月,晚熟品种为7—8月,外果皮奶白色或微红,果肉厚,多汁水,味甜美可口。

同属常用栽培品种:

紫叶桃(*Prunus persica* 'Zi Ye Tao'):叶形与桃相似,春秋新叶紫红色,夏季叶色变浅。3月开花,花色紫红,单瓣,一般不结果。

习性: 阳性树种,喜光不耐荫;适应性强,能耐高温,亦耐低温;喜肥沃而排水良好的土壤,不适于碱性土和黏性土;浅根性,较耐干旱,但不耐水湿;萌芽力和成枝力较弱,尤其是在干旱瘠薄土壤上更为明显;病虫害较为严重,寿命短。

分布: 原产于我国,西北、华北、华中及西南山区均有野生桃树,现世界各地均有栽培。

应用: 我国传统的园林花木,阳春三月,粉红色桃花先叶开放,红霞耀眼,芳菲满园;紫叶桃在园林中属观叶、观花俱佳的树种。两者皆宜在庭园、草坪、墙角、亭边孤植或丛植,绿化、美化效果甚好。

碧桃 *Prunus persica 'Duplex'*

科属：蔷薇科·李属

形态：落叶小乔木。植物桃的变种，小枝红褐色，无毛；叶椭圆状披针形，长 7~15cm，先端渐尖；花单生或两朵生于叶腋，重瓣，粉红色，其他变种有白色、深红、洒金（杂色）等，花期 3—4 月。

习性：喜光，耐旱，要求土壤肥沃，排水良好；耐寒能力不如桃。

分布：原产于我国，分布在西北、华北、华东、西南等地，现世界各国均已引种栽培。

应用：具有很高的观赏价值，可作为小区、公园、街道的绿化观赏树种。

紫叶李 *Prunus cerasifera 'Atropurpurea'*

别名：红叶李　**科属：**蔷薇科·李属

形态：落叶小乔木。树皮紫灰色，小枝淡红褐色，整株树干光滑无毛；单叶互生，叶卵圆形或长圆状披针形，先端短尖，基部楔形，缘具尖细锯齿，色暗绿或紫红；花单生或 2 朵簇生，白色；核果扁球形。花叶同放，花期 3—4 月，果常早落。

习性：喜光，稍耐荫，抗寒，适应性强，以温暖湿润的气候环境和排水良好的砂质壤土最为有利；怕盐碱和涝洼，浅根性，萌蘖性强，对有害气体有一定的抗性。

分布：原产于中亚及我国新疆天山一带，现北京以及山西、陕西、河南、江苏、山东、北京、浙江、上海等地均有栽培。

应用：在园林绿化中有极广的用途，具有适应力强、耐污染的特点，让其在众多地方得以使用。可列植于街道、花坛、建筑物四周或公路两侧等。既可孤植、丛植，也可群植或片植。春秋两季均可栽植，春季在芽萌动前进行，秋季可在落叶后栽植。

梨　*Pyrus* spp.

别名：鸭梨　**科属：**蔷薇科·梨属

形态：乔木树种。树冠开展；小枝粗壮，幼时有柔毛；二年生的枝紫褐色，具稀疏皮孔；托叶膜质，边缘具腺齿；叶片卵形或椭圆形，先端渐尖或急尖，初时两面有绒毛，老叶无毛；伞形总状花序，总花梗和花梗幼时有绒毛；果实卵形或近球形，微扁，黄褐色；花为白色。花期 4 月，果期 8—9 月。

习性：耐寒、耐旱、耐涝、耐盐碱，根系发达，喜光喜温，宜选择土层深厚、排水良好的缓坡山地种植，尤以砂质壤土山地为理想。

分布：栽培面积广泛，其中，安徽、河北、山东、辽宁四省是中国梨的集中产区，栽培面积约占全国的一半，产量超过 60%。

应用：梨花颜色素雅，花期时如梦似幻，景色别致，是重要的园林树种，可群植、片植等，亦可孤植；梨果有润肺、祛痰化咳、通便秘、利消化、生津止渴、润肺止咳作用，可以提高机体免疫力，有"天然矿泉水"之称。

贴梗海棠　*Chaenomeles speciose* (Sweet) Nakai

别名：铁角海棠　皱皮木瓜　**科属：**蔷薇科·木瓜海棠属

形态：落叶灌木。枝直立而开展，有刺；单叶互生，长卵形至椭圆形，先端尖，基部楔形，缘具尖锐锯齿；托叶大，肾形或半圆形，无叶柄。花期 3—4 月，花单生或数朵簇生于二年生枝上，花梗极短似无，贴枝而生；花朱红、粉红或白色，先叶开放或与叶同放，萼筒钟状，无毛，萼片直立。果实球形或卵形，果梗短或近无梗；果期 9—10 月，黄色或黄绿色，有香味。

习性：阳性植物，喜光，稍耐荫；对温度反应很敏感，耐寒力较强，在华北地区能露地过冬；对土壤要求不严，耐旱忌湿，耐轻度盐碱。

分布：原产于我国华北南部、西北东部和华中地区，现南北各地均有栽培。

应用：早春开花，花色艳丽，烂漫如锦，黄果大而芳香，是一种很好的观花、观果树种。适宜于庭园墙隅、草坪边缘、树丛周围、池畔溪旁丛植，也可在常绿灌木前植成花篱、花丛。其老桩还可制作成树桩盆景。

垂丝海棠 *Malus halliana* Koehne

科属： 蔷薇科·苹果属

形态： 落叶小乔木。树姿优美，树冠开展；叶片卵形或椭圆形至长椭卵形，伞房花序，具花4~6朵，花梗细弱下垂，有稀疏柔毛，紫色；花瓣倒卵形，基部有短爪，粉红色，常在5数以上；果实梨形或倒卵形，略带紫色。3—4月盛花期，红花满枝，纷披婉垂，是最佳的观赏期，果期9—10月。

习性： 喜光，不耐荫，也不甚耐寒，爱温暖湿润环境，适生于阳光充足、背风之处；土壤要求不严，微酸或微碱性土壤均可成长，但以土层深厚、疏松、肥沃、排水良好略带黏质的生长更好。此花生性强健，栽培容易，不需要特殊技术管理，唯不耐水涝，盆栽须防止水渍，以免烂根。

分布： 分布于我国江苏、浙江、安徽、陕西、四川和云南，生于山坡丛林中或山溪边。

应用： 可在门庭两侧对植，或在亭台周围、丛林边缘、水滨布置。若在观花树丛中作主体树种，其下配植春花灌木，其后以常绿树为背景，则尤绰约多姿，十分漂亮；若在草坪边缘、水边湖畔成片群植，或在公园游步道旁两侧列植或丛植，亦具特色。对二氧化硫有较强的抗性，故适用于城市街道绿地和厂矿区绿化。一般栽植时期宜在早春萌芽前或初冬落叶后。

西府海棠 *Malus × micromalus* Makino

科属： 蔷薇科·苹果属

形态： 落叶小乔木。树枝直立性强，小枝细弱圆柱形，叶片长椭圆形或椭圆形，边缘有尖锐锯齿；伞形总状花序，有花4~7朵，集生于小枝顶端，花蕾红艳，开后则渐变粉红，花香浓厚；果实近球形。花期4—5月，果期8—9月。

习性： 喜光，耐寒，忌水涝，忌空气过湿，较耐干旱。

分布： 主要分布于辽宁、河北、山西、山东、陕西、甘肃、云南等省，目前全国各地均有栽培及园林应用。

应用： 我国特有植物，为常见栽培园林观赏树，树姿直立，花朵密集，不论孤植、列植、丛植均极为美观，最宜植于水滨及小庭一隅。果实称为海棠果，味道皆似山楂，酸甜可口，可供鲜食及加工用。一般栽植时期宜在早春萌芽前或初冬落叶后。

日本晚樱　*Prunus serrulata* var. *lannesiana* (Carri.) Makino

别名：晚樱　重瓣樱花　　**科属：**蔷薇科·李属

形态：落叶小乔木。树皮银灰色，平滑有锈色唇形皮孔；叶长卵状椭圆形，缘有长芒状重锯齿；花期3月下旬至4月中旬，先叶开放或花叶同放，伞房状总状花序，有叶状苞片，重瓣，淡红色或奶白色，稍有香气；一般不结果。

习性：阳性树种，喜光，耐寒；适应性强，但根系较浅；不耐水湿，在排水良好而深厚的微酸性土壤上生长良好。

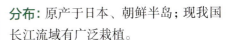

分布：原产于日本、朝鲜半岛；现我国长江流域有广泛栽植。

应用：叶繁花茂，色彩鲜艳，十分壮丽，为重要的园林观花树种，宜孤植或丛植于庭园或建筑物前，也可列植作园路的行道树。

石榴　*Punica granatum* L.

别名：安石榴　　**科属：**千屈菜科·石榴属

形态：落叶小乔木或灌木。高约5~7m，树冠为自然圆头形；树皮粗糙，灰褐色，上有瘤状突起；单叶簇生，长椭圆形或长倒卵形，先端钝，全缘。花期5—6月，花两性，通常为鲜红色，也有黄色；花萼钟形，朱红色，也有白色或黄色，肉质。宿存浆果近球形，8—9月成熟，古铜黄色或古铜红色，具宿存之花萼，种子多数，种皮肉质，味甜美可口。

同属常用栽培变种：

花石榴（*P. granatum* var. *pleniflora* Hayne）：叶在长枝上对生，在短枝上簇生，叶子形状、大小与石榴相似；开花时节和花色也与石榴相同，只是花后不结果，或果实小，不可食。

习性：阳性树种，喜光不耐荫，在庇荫处生长开花不良；喜温暖气候，对土壤的要求不高，耐干旱瘠薄，稍耐盐碱，忌水涝；在花期和果实膨大期喜空气干燥和日照良好；对二氧化硫和氯气的抗性较强。

分布：原产于伊朗和阿富汗，大约在公元前2世纪传入我国，现全国大部分地区都有栽培。

应用：春天新叶嫩红色，初夏红花似火，鲜艳夺目，入秋丰硕的果实挂满枝头，是观叶、观花、观果三者兼优的绿化树种。宜在庭前、亭旁、墙隅、路边等处种植；因其具有耐盐碱，且对有毒气体抗性强，所以也是沿海地区及有污染厂矿区绿化、美化的优良树种。

紫薇 *Lagerstroemia indica* L.

别名：痒痒树　**科属：**千屈菜科·紫薇属

形态：落叶灌木或小乔木。树姿优美，树干光滑洁净，灰色或灰褐色；枝干多扭曲，叶椭圆形、阔矩圆形或倒卵形；花色艳丽，开花时正当夏秋少花季节，花期长，寿命长，故有"百日红"之称，具有极高的观赏价值；种子有翅，长约8mm。花期6—9月，果期9—12月。

习性：喜温暖湿润气候，喜光，略耐荫；喜肥，尤喜深厚肥沃的砂质壤土，好生于略有湿气之地；亦耐干旱，忌涝，忌种在地下水位高的低湿地方；能抗寒，萌蘖性强；具较强的抗污染能力，对有毒气体抗性较强；半阴生，喜生于肥沃湿润的土壤上，也能耐旱，不论钙质土还是酸性土都能生长良好。

分布：集中分布于长江流域，适应性很强，各地均有栽培应用。

应用：具有易栽、易管理的特点，被广泛用于公园绿化、庭园绿化、道路绿化、街区城市等，主要采用孤植、对植、群植、丛植和列植等方式进行科学而艺术的造景，应用广泛。亦是观花、观干、观根的盆景良材；根、皮、叶、花皆可入药。栽种时间宜在秋季落叶后至春季芽萌动前。

鸡爪槭 *Acer palmatum* Thunb.

科属：无患子科·槭属

形态：落叶小乔木。树冠伞形，树皮平滑，树皮深灰色；小枝紫或淡紫绿色，老枝淡灰紫色；叶近圆形，基部心形或近心形，掌状，常7深裂，密生尖锯齿，叶形美观，入秋后转为鲜红色，色艳如花，灿烂如霞，为优良的观叶树种；花紫色，花瓣椭圆形或倒卵形；幼果紫红色，熟后褐黄色，果核球形，脉纹显著，两翅成钝角。

鸡爪槭和红枫的区别：鸡爪槭的枝干通常是绿色、细而柔软，红枫的根茎枝干则是红褐色、粗而硬；

鸡爪槭叶片的裂片长超过全长一半，但不深达基部，而红枫的裂片裂得更深，几乎达到基部。

习性：弱阳性树种，耐半荫，在阳光直射处孤植夏季易遭日灼之害；喜温暖湿润气候及肥沃、湿润而排水良好的土壤；耐寒性强，酸性、中性及石灰质土均能适应；生长速度中等偏慢。

分布：分布于华东、华中至西南等省份，生于低海拔的林边或疏林中。

应用：优良的园林观叶树种，常用不同品种配置在一起或在常绿树丛中搭配，形成色彩斑斓或"万绿丛中一点红"的园林景观。最佳种植时间宜在春季3月或秋季落叶后。

红枫   *Acer palmatum* 'Atropurpureum'

科属: 无患子科·槭属

形态: 落叶小乔木,鸡爪槭的变种。树姿开展,小枝细长;树皮光滑,呈灰褐色;单叶交互对生,常丛生于枝顶;叶掌状深裂,裂片5~9;春、秋季叶红色,夏季叶紫红色,嫩叶红色,老叶终年紫红色;翅果,幼时紫红色,成熟时黄棕色,果核球形。

主要栽培品种介绍:

中国红枫: 又名红叶羽毛枫。秋季变色,由正常绿色变为红色,古人称其"十月霜叶红似火",但是我国红枫大部分都是播种苗,变异性比较大,而且随地域不同变色效果差异比较明显。

日本红枫: 被誉为"四季火焰枫"。其树冠呈扁圆或伞形,掌状5~7深裂,卵状披针形,单叶互生,叶片先端尖锐,叶缘有锯齿。此品种在春、夏、秋三季叶片均为红色,个别品种颜色非常艳丽。夏季随着光照的增强,叶片光合作用随之增强,逐渐有变绿的趋势,秋季的时候新叶能够保持红色,但已经发暗,老叶已经变成墨绿色。

美国红枫: 又名北美红枫,属高大乔木。春季新叶泛红,夏季枝叶成荫,秋季叶片为绚丽的红色,持续时间长;树形直立向上,树冠圆形;春天开红色小花;果有翅,红色。该树种生长迅速,是所有美国红枫品种中生长最快的品种。

习性: 喜温暖湿润的气候和凉爽环境,较耐荫、耐寒,忌烈日暴晒,但春、秋季能在全光照下生长;对土壤要求不严,适宜在肥沃、富含腐殖质的酸性或中性砂壤土中生长,不耐水涝。

分布: 主要分布于我国亚热带地区,以及日本、韩国、美国等;全国大部分地区均有栽培。

应用: 宜孤植、丛植作庭荫树,也可作行道树及护岸树。最佳种植时间宜在春季3月或秋季落叶后。

羽毛枫   *Acer palmatum* var. *dissectum*

科属: 无患子科·槭属

形态: 落叶灌木,鸡爪槭的园艺变种。树冠开展,枝略下垂,新枝紫红色,成熟枝暗红色;嫩叶艳红,密生白色软毛,叶片细裂,叶色亦由艳丽转淡紫色甚至泛暗绿色,入秋逐渐转红。其他特征同鸡爪槭。

习性: 喜温暖湿润、气候凉爽的环境,喜光但怕烈日,属中性偏阴树种,夏季遇干热风吹袭会造成叶缘枯卷,高温日灼还会损伤树皮,尚耐寒,能耐-20℃最低气温;在微酸性土、中性土和石灰性土中均可生长。

分布: 分布于河南至长江流域。

应用: 园林景观搭配树种,最佳种植时间宜在春季3月或秋季落叶后。

丁香 *Syringa oblate* Lindl.

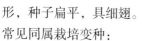

别名: 紫丁香　**科属:** 木樨科·丁香属

形态: 落叶小乔木或灌木。高约 4~6m, 小枝圆, 髓心实; 单叶对生, 叶片近心形, 全缘或有分裂, 叶背微有短柔毛; 花期 3—4 月, 花两性, 呈顶生或侧生之圆锥花序; 花萼小, 钟形, 具 4 裂片, 紫红色; 果期 7—8 月, 蒴果长圆形, 种子扁平, 具细翅。

常见同属栽培变种:

白丁香 (*Syringa oblata* 'Alba'): 花白色, 叶较小, 背面微有柔毛。

习性: 温带及寒带树种, 阳性植物, 喜光照, 耐寒性强; 喜肥沃湿润、排水良好的土壤, 耐干旱, 忌在低湿处种植; 对多种有毒气体有较强的抗性。

分布: 产于我国华北、东北地区, 现长江流域各省份均有栽培。

应用: 丁香属树种为我国北方常见花木, 南方应用亦渐普及。可孤植于庭前、窗外, 丛植于林缘、草坪或向阳坡地, 或布置成丁香专类园, 还适宜于盆栽, 同时也是切花的良好材料。对二氧化硫及氟化氢等有毒气体有较强的抗性, 故又可用于工矿厂区的绿化。

桑 *Morus alba* L.

别名: 桑树　**科属:** 桑科·桑属

形态: 落叶小乔木或灌木。树皮黄褐色; 叶大, 卵形至广卵形, 叶端尖, 边缘有粗锯齿, 有时有不规则的分裂; 叶面无毛, 有光泽; 雌雄异株, 4 月开花; 果熟期 6 月, 聚花果卵圆形或圆柱形, 褐红色或黑紫色, 味甜可口。

习性: 中性植物, 喜光, 幼时稍耐荫; 喜温暖湿润气候, 亦耐寒; 对土壤的适应性较强, 耐干旱, 但畏积水; 根系发达, 抗风力强; 萌芽力强, 耐修剪; 有较强的抗毒抗烟尘能力。

分布: 原产于我国中部, 现南北各地广泛栽培, 尤以长江中下游各地为多; 朝鲜、日本也有分布。

应用: 树冠宽阔, 树叶茂密, 秋季叶色变黄, 颇为美观; 且能抗烟尘及有毒气体, 适于城市、工矿区及农村"四旁"绿化; 用途广, 嫩桑叶可以养蚕, 桑果可作中药, 为良好的绿化与经济树种。

无花果　*Ficus carica* L.

别名：蜜果　**科属：**桑科·榕属

形态：落叶小乔木或灌木。枝条粗壮，光滑无毛；叶片大而厚，叶面粗糙，叶背有粗毛，叶互生，广卵形或近圆形，边缘波状或成粗齿；花小，隐头花序，着生于新梢的叶腋间，新梢渐伸长，花序也渐渐肥大而形成果实，隐花果梨形，肉质，长 5~8cm，绿黄色，随开花季节不同次第成熟。

习性：中性植物，喜光，稍耐荫；喜温暖、稍干燥的气候，不甚耐寒，宜在排水良好的砂质壤土中生长；如在地下水位高或排水不良的地区栽培，要注意开沟排水。

分布：原产于地中海沿岸，我国华北以南有引种栽植。

应用：叶形美观，适应性强，栽培容易，果实营养丰富；宜作庭园树或公园绿化，因其抗烟尘、抗二氧化硫能力较强，故可作工厂绿化树种；果、根、叶均可入药。

蜡梅　*Chimonanthus praecox* (L.) Link

科属：蜡梅科·蜡梅属

形态：落叶灌木。常丛生，叶对生，椭圆状卵形至卵状披针形；先花后叶，芳香，花被片圆形、长圆形、倒卵形、椭圆形或匙形，基部有爪无毛，花期11月至翌年3月。

习性：喜光，能耐荫、耐寒、耐旱，忌渍水；怕风，较耐寒，在不低于−15℃时能安全越冬；好生于土层深厚、肥沃、疏松、排水良好的微酸性砂质壤土上，在盐碱地上生长不良，不宜在低洼地栽培。耐修剪，易整形。

分布：野生于山东、江苏、安徽、浙江、福建等省，自然分布于山地林中。

应用：冬季赏花的理想名贵花木，广泛应用于城乡园林建设。春秋两季均可栽植，春季在芽萌动前栽植，秋季可在落叶后栽植。

结香 *Edgeworthia chrysantha* Lindl.

别名：黄瑞香 打结花　　**科属：**瑞香科·结香属

形态：落叶丛生灌木。枝条粗壮柔软，常三叉分枝，棕红色；叶互生，长椭圆形至倒披针形，先端急尖，基部楔形并下延，表面疏生柔毛，背面被长硬毛，具短柄，常簇生枝端，全缘。花期12月至翌年3月，先叶开放，假头状花序，花被筒状，淡黄色，具浓香；果期6—7月，核果卵形，通常包于花被基部，状如蜂窝。

习性：暖温带植物，喜光耐半荫，喜温暖气候，耐寒性亦强；根肉质，忌积水，喜排水良好的肥沃土壤；基部萌蘖力强，但上部不耐修剪。

分布：原产于我国，北自河南、陕西，南至长江流域以南各地均有分布。

应用：姿态优雅，花多成簇，芳香浓郁，枝条柔软，弯之可打结而不断，常整成各种形状，十分惹人喜爱。适宜孤植、列植、丛植于庭前、路旁、水边、墙隅，或点缀于假山岩石之间。北方多盆栽，曲枝造型观赏。

紫荆 *Cercis chinensis* Bunge

别名：满条红 苏芳花　　**科属：**豆科·紫荆属

形态：落叶乔木或灌木，丛生或单生灌木。树皮和小枝灰白色；叶纸质，近圆形或三角状圆形；花紫红色或粉红色，簇生于老枝和主干上，通常先于叶开放，但嫩枝或幼株上的花则与叶同时开放；荚果扁绿色狭长形。花期3—4月，果期8—10月。

习性：暖带树种，有一定的耐寒性，喜光，稍耐荫；喜肥沃、排水良好的土壤，不耐湿。萌芽力强，耐修剪。

分布：分布于我国东南各省（区、市）。

应用：因"其木似黄荆而色紫"，故名为紫荆。常见的栽培植物，多植于庭园、屋旁、寺街边，少数生于密林或石灰岩地区。花朵漂亮，花量大，花色鲜艳，是春季重要的观赏灌木。树皮、果实、木材、根均可入药，种子有毒。紫荆是在2年生以上的老枝上开花，故不可疏剪老枝。紫荆树

苗移栽在落叶后或萌芽前进行，根系发达的可直接栽植，根系不多的可先假植，翌年定植。

牡丹　*Paeonia × suffruticosa* Andr.

别名：富贵花　洛阳花　**科属：**芍药科·芍药属

形态：多年生落叶小灌木。分枝短而粗，叶通常二回三出复叶，顶生小叶宽卵形，3 裂至中部，裂片不裂或 2~3 浅裂，侧生小叶窄卵形或长圆状卵形，不等 2 裂至 3 浅裂或不裂；花单生枝顶，单瓣或重瓣，有玫瑰、红紫或粉红色至白色。花期 5 月，果期 6 月。

习性：喜温暖、凉爽、干燥、阳光充足环境；喜光也耐半荫，耐寒，耐干旱，耐弱碱，忌积水，怕热，怕烈日直射；适宜疏松、深厚、肥沃、地势高燥、排水良好的中性砂壤土，酸性或黏重土壤中生长不良。充足阳光对其生长较为有利，但不耐夏季烈日暴晒，温度在 25℃以上则会使植株呈休眠状态。

分布：原产于我国长江流域与黄河流域诸省份山间或丘陵中，栽培面积最大最集中的有菏泽、洛阳、彭州、北京、临夏、铜陵等，以河南洛阳和山东菏泽所产最为有名。南宋《咸淳临安志》记载富阳所产牡丹花大。

应用：花色泽艳丽，富丽堂皇，素有"花中之王"美誉。品种根据栽培地区和野生原种的不同，分为中原品种群、西北品种群、江南品种群和西南品种群。以分株及嫁接居多，分株一般在每年的秋分到霜降期间内进行。

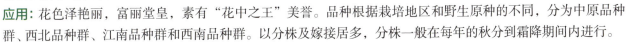

迎春花　*Jasminum nudiflorum* Lindl.

别名：探春花　迎春　**科属：**木樨科·素馨属

形态：落叶灌木。枝条披垂，小枝无毛；叶对生，三出复叶；花单生于上一年生小枝叶腋，花萼绿色，花冠黄色；果椭圆形。花期 2—4 月。

迎春花的同属植物较多，常见的有如下品种：红素馨、素馨花、探春花、云南黄素馨、素方花。

习性：冬末至早春先花后叶。喜光，稍耐荫，较耐寒，喜湿润，也耐干旱，怕涝；要求温暖而湿润的气候，疏松肥沃和排水良好的砂质土，在酸性土中生长旺盛，碱性土中生长不良。根部萌发力很强，枝端着地部分也极易生根。

分布：枝条下垂或攀扭，碧叶黄花，可于堤岸、台地和阶前边缘栽植，特别适用于宾馆、大厦顶棚布置，也可盆栽观赏。

应用：在百花之中开花最早，它与梅花、水仙和山茶花统称为"雪中四友"。栽种一般在花凋后或 9 月中旬进行，冬天南方只要把种迎春的盆钵埋入背风向阳处的土中即可安全越冬。

金钟花　*Forsythia viridissima* Lindl.

别名： 黄金条 细叶连翘　　**科属：** 木樨科·连翘属

形态： 落叶灌木。枝斜展，顶部下弯，小枝绿色，四棱形，具片状髓；叶对生，椭圆形或广披针形，先端锐尖，基部楔形，上半部有粗锯齿。花期3月，花朵钟形，金黄色，1~3朵腋生，先叶开放或花叶同放。

习性： 中性植物，喜光，稍耐荫；喜温暖气候，耐寒性亦强；对土壤要求不严，耐干旱，怕水渍。根系发达，萌蘖力强。

分布： 分布于我国长江流域各省份。

应用： 早春开花，花色金黄，鲜艳夺目，为春季常见观赏花木之一。适宜丛植于草坪、林缘、墙隅、路边，艳丽多姿，春意盎然，若配以常绿小灌丛与红色地被植物，则景观效果更好。

锦带花　*Weigela forida* (Bunge) A.DC.

别名： 文官花 五色海棠　　**科属：** 忍冬科·锦带花属

形态： 落叶灌木。枝条开展，小枝细弱；叶对生，椭圆形或卵状披针形，先端渐尖，基部圆形或楔形、边缘有锯齿，叶背有柔毛；花期3—4月，2~4朵成聚伞花序，漏斗状钟形花，花瓣初为白色，后为玫瑰红色，内面较淡。蒴果柱状，光滑，10月果熟；种子细小，无翅。

习性： 阳性植物，喜光，耐寒；适应性强，对土壤的要求不高，能耐瘠薄，怕水涝；萌芽力、萌蘖力强，生长迅速。对有毒气体的抗性较强。

分布： 原产于我国北部以及朝鲜、日本，现全国各地均有栽培。

应用： 枝叶繁茂，花色多样美丽，且花期较长，是华北地区春季主要花灌木之一。适于庭园角隅、湖畔石旁群植，也可在树丛、林缘作花丛配植，用于点缀假山，坡地也甚适宜。因对氟化氢抗性强，故可作污染工厂的绿化树。

木绣球　*Viburnum keteleeri* 'Sterile'

别名: 绣球荚蒾 绣球花　　**科属:** 荚蒾科·荚蒾属

形态: 落叶或半落叶灌木。树冠球形,枝条广展,枝上密生星状毛;叶对生,卵形至长椭圆形端钝,基部圆形,缘有细锯齿,背面疏生星状毛。花期4—5月,球形状聚伞花序顶生,直径10~20cm,花乳白色或绿白色,花冠辐射状,形似雪球。

习性: 中性植物,喜光,稍耐荫,耐寒;喜生于湿润、排水良好而富含腐殖质的土壤;萌芽力、萌蘖力均强。

分布: 分布于我国华北、华东、华南及西南地区。

应用: 枝条拱形,树形圆整,球状花序肥大,洁白如雪,且花期较长,为春末夏初优良的观花树种。宜丛植于草坪、林缘、路边、堤岸,或植于小径两侧,形成拱形通道,别有风趣。

琼花　*Viburnum keteleeri* Carrière

科属: 荚蒾科·荚蒾属

形态: 落叶灌木。聚伞花序仅周围具大型的不孕花,裂片倒卵形或近圆形,顶端常凹缺;可孕花的萼齿卵形,花冠白色,辐状,裂片宽卵形,雄蕊稍高出花冠,花药近圆形;果实红色,而后变黑色,椭圆形;核扁,矩圆形至宽椭圆形,有2条浅背沟和3条浅腹沟。花期4月,果熟期9—10月。

习性: 喜温暖湿润、阳光充足气候,喜光,稍耐阴,较耐寒,不耐干旱和积水;喜湿润、肥沃、排水良好的砂质壤土。

分布: 分布于我国长江中下游地区,华北南部、长江流域及华南等地也有栽培。

应用: 枝条广展,树冠呈球形,树姿优美,树形潇洒别致,适于风景区、草坪、校园、庭园栽植供观赏。

小叶女贞 *Ligustrum quihoui* Carr.

别名：小叶冬青 小叶水蜡树　**科属：**木樨科·女贞属

形态：落叶或半常绿灌木。枝条铺散，淡棕色，幼枝密被微柔毛，后脱落。叶对生，薄革质，椭圆形至倒卵状长圆形，全缘，边缘略向外反卷，上面深绿色，下面淡绿色，两面无毛。花期 5—7 月，圆锥花序顶生，花白色，有芳香；果期10—11 月，浆果状，紫黑色。

习性：中性植物，喜光，稍耐荫；喜温暖湿润气候，耐寒性强；深根性，须根发达，耐干旱瘠薄，又耐水湿；抗多种有毒气体；生长快，萌芽力强，耐修剪。

分布：分布于我国长江流域以南各省份。

应用：枝叶紧密，树冠圆整，生命力强，耐修剪。主要作绿篱、色块栽植，也可修剪成球形或各种动物形态供游人观赏；对二氧化硫等有毒气体抗性强，可在大气污染严重地区栽植。

小蜡 *Ligustrum sinense* Lour.

别名：山指甲 水黄杨　**科属：**木樨科·女贞属

形态：落叶灌木或小乔木。小枝圆柱形，叶片纸质或薄革质，卵形、长圆形或披针形；圆锥花序顶生或腋生塔形，花白色；果近球形。花期 3—6 月，果期 9—12 月。

新开发栽培变种：

银姬小蜡（*Ligustrum sinense* var. *Variegatum*）：叶片形状、大小与小蜡相似，叶面有不规则奶白色或奶黄色斑纹。

习性：中性植物，喜光，稍耐荫，较耐寒；能抗二氧化硫等多种有毒气体；对土壤湿度较敏感，在干燥瘠薄地生长不良；生长快，萌芽力强，耐修剪。

分布：产于江苏、浙江、安徽、江西、福建等南部省份，自然生于山坡、山谷、溪边、河旁、路边的密林、疏林或混交林中，海拔 200~2600m。

应用：常植于庭园观赏，丛植林缘、池边、石旁；规则式园林中常可修剪成长、方、圆等几何形体；也常栽植于工矿区；其干老根古，虬曲多姿，宜作树桩盆景；江南常作绿篱、色块栽植。适宜在秋末或春季栽植。

金叶女贞　*Ligustrum × vicaryi* Rehder

科属：木樨科·女贞属

形态：落叶或半常绿灌木。枝灰褐色；单叶对生，薄革质，长椭圆形，3—10月叶片呈金黄色，冬季呈红褐或落叶。5—6月开小白花，10月果熟，紫黑色，经冬不落。

习性：阳性植物，喜光；适应性强，耐寒，抗干旱，病虫害少；萌芽力强、速生、耐修剪；在强修剪的情况下，整个生长期都能不断萌生新梢。

分布：由卵叶女贞变种的金边女贞与欧洲女贞杂交而成的新种，1983年由北京市园林科学研究所从德国引进，现全国各地广泛栽培。

应用：在生长季节叶色呈鲜丽的金黄色，可与红叶、绿叶灌木组成色块，形成强烈的色彩对比，具极佳的观赏效果；也可作绿篱栽植或修剪成球形供观赏。

月季　*Rosa chinensis* Jacq.

别名：月月红　　**科属：**蔷薇科·蔷薇属

形态：常绿、半常绿低矮灌木。小枝有短粗的钩状皮刺；花色有红色、粉色、白色和黄色等，可作为观赏植物，也可作为药用植物。现代月季花型多样，有单瓣、重瓣、高心卷边等，色彩艳丽、丰富，多数品种有芳香。自然花期8月至次年4月。

习性：适应性强，耐寒，地栽、盆栽均可；对气候、土壤要求虽不严格，但以疏松、肥沃、富含有机质、微酸性、排水良好的土壤较为适宜；喜温暖、日照充足、空气流通的环境，怕高温，最适宜的温度是18~28℃。

分布：我国是月季的原产地之一，主要分布于湖北、四川和甘肃等省份山区，目前尤以上海、南京、南阳、天津、郑州和北京等地种植最多。

应用：品种繁多，种类主要有藤本月季（CI系）、大花香水月季、丰花月季、微型月季、树状月季、壮花月季、灌木月季、地被月季等。切花用杂交茶香月季是由我国月季和欧洲蔷薇杂交选育而成。一般嫁接（芽接）常用野蔷薇作砧木于8—9月进行，扦插一般在早春或晚秋休眠时剪取成熟带3~4个芽的枝条进行。因其攀援生长特性可用于垂直绿化、花柱、花篱、花屏、花墙等。适用于切花、美化庭园、装点园林、布置花坛、配植花篱、花架。

棣棠　*Kerria japonica* (Linn.) DC

别名：棣棠花 黄榆梅　**科属：**蔷薇科·棣棠花属

形态：落叶丛生小灌木。小枝绿色，光滑，拱形，柔软下垂；叶互生，卵形至卵状椭圆形，先端渐尖，缘有锐重锯齿，表面鲜绿色，背面淡绿；花金黄色，5 瓣，单生于侧枝顶端，萼片宿存，盛花期 3—5 月，少数开至 10 月。瘦果扁球形，8—9 月成熟，黑色。

常见同属栽培品种：

重瓣棣棠（*Kerria japonica* 'Plenifora'）：花重瓣，一般不结实。

习性：中性植物，喜光又耐荫；喜温暖湿润气候，耐寒性较差；对土壤要求不严，较耐湿；根萌蘖力强，能自然更新。

分布：原产于长江流域及秦岭山区，现大江南北普遍栽培应用。

应用：柔枝下垂，叶色青翠，金花朵朵，为枝、叶、花俱美的观赏花木。宜作花篱、花境栽植，或配植于草坪、山坡、树丛边缘、溪流湖岸、山石之间，则野趣盎然。剪取花枝可供瓶插。

绣线菊　*Spiraea salicifolia* L.

别名：珍珠梅　**科属：**蔷薇科·绣线菊属

形态：落叶阔叶直立灌木。嫩枝被柔毛，老时脱落；叶长圆状披针形或披针形，先端急尖或渐尖，基部楔形，密生锐锯齿或重锯齿，两面无毛；花粉色，长圆形或金字塔形圆锥花序，萼筒钟状；蓇葖果直立。花期 6—8 月，果期 8—9 月。

习性：中性植物，喜光稍耐荫；喜温暖气候，亦耐寒；在湿润肥沃土壤上生长旺盛，亦耐贫瘠；萌蘖力强，繁殖容易。自然生长于河流沿岸、湿草原、空旷地和山沟中，海拔 200~900m 处。

分布：主要分布于黑龙江、吉林、辽宁、内蒙古、河北等地；以及蒙古国、日本、朝鲜、俄罗斯西伯利亚地区以及欧洲东南部。

应用：常用作地被类观赏花木，可布置花坛、花镜，配置于山石、草坪及小路角隅等处，亦可在门庭两侧种植或配置花篱。

木槿　*Hibiscus syriacus* L.

别名：碗碗花　碗瓣花　　**科属：**锦葵科·木槿属

形态：落叶灌木。小枝密被黄色星状绒毛；叶菱形至三角状卵形，先端钝，基部楔形，边缘具不整齐齿缺，上面被星状柔毛；花单生于枝端叶腋间，色彩有纯白、淡粉红、淡紫、紫红等，花形呈钟状，有单瓣、复瓣、重瓣几种；蒴果卵圆形，直径约 12mm，密被黄色星状绒毛；种子肾形，成熟种子黑褐色，背部被黄白色长柔毛。花期 7—10 月。

同属栽培种：

海滨木槿（*Hibiscus hamabo* Sieb et Zucc.）：落叶灌木，叶近心形，厚纸质；花期 6—7 月，花朵黄色。原产于浙江舟山群岛和福建沿海。

习性：对环境的适应性很强，较耐干燥和贫瘠；对土壤要求不严格，尤喜光和温暖潮润的气候；萌蘖性强。

分布：主要分布在热带和亚热带地区，木槿属物种种类繁多，呈现出丰富的遗传多样性。

应用：一种在庭园很常见的灌木花种，在园林中可做花篱式绿篱，孤植和丛植均可。木槿种子可入药，称"朝天子"。海滨木槿原产于沿海地区，故适宜于沙地、海涂、盐碱地的绿化。春秋两季均可栽植，春季在芽萌动前进行，秋冬季可在落叶后栽植。

木芙蓉　*Hibiscus mutabilis* L.

别名：芙蓉花　木莲　　**科属：**锦葵科·木槿属

形态：落叶灌木或小乔木。小枝、叶柄、花梗和花萼均密被星状毛与直毛相混的细绵毛；叶宽卵形至圆卵形或心形，裂片三角形；花单生于枝端叶腋间，萼钟形，花初开时白色或淡红色，后变深红色，花瓣近圆形，花大而色丽；蒴果扁球形，被淡黄色刚毛和绵毛。花期 8—10 月。

习性：喜光，稍耐荫；喜温暖湿润气候，不耐寒，在长江流域以北地区露地栽植时，冬季地上部分常冻死，但第 2 年春季能从根部萌发新条，秋季能正常开花；喜肥沃湿润而排水良好的砂壤土。生长较快，萌蘖性强。

分布：我国各地广泛栽培。

应用：根系发达，在防止水土流失的生态防护中作用显著。木芙蓉花因光照强度不同，会引起花瓣内花青素浓度的变化：花早晨开放时为白色或浅红色，中午至下午开放时为深红色。景观效果好，可孤植或丛植于墙边、路旁、厅前等处。宜在春季 2—3 月栽植。

绣球 *Hydrangea macrophylla* (Thunb.) Ser.

别名： 八仙花　**科属：** 虎耳草科·绣球属

形态： 落叶灌木。小枝粗壮，皮孔明显；叶大而稍厚；花大型，由许多不孕花组成顶生伞房花序，花色多变，能红能蓝，令人悦目怡神，是常见的盆栽观赏花木。

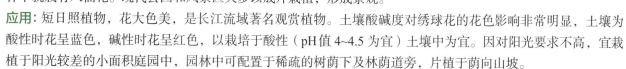

习性： 喜温暖湿润和半阴环境；不耐干旱，亦忌水涝；喜半荫环境，不耐寒，适宜在肥沃、排水良好的酸性土壤中生长。平时栽培要避开烈日照射，以 60%~70% 遮荫最为理想。

分布： 原产于我国四川和日本，我国栽培时间较早，明、清时期江南园林中就栽有八仙花。现代公园和风景区大多以成片栽植，形成景观。

应用： 短日照植物，花大色美，是长江流域著名观赏植物。土壤酸碱度对绣球花的花色影响非常明显，土壤为酸性时花呈蓝色，碱性时花呈红色，以栽培于酸性（pH值 4~4.5 为宜）土壤中为宜。因对阳光要求不高，宜栽植于阳光较差的小面积庭园中，园林中可配置于稀疏的树荫下及林荫道旁，片植于荫向山坡。

小檗 *Berberis thunbergii* DC.

别名： 日本小檗　**科属：** 小檗科·小檗属

形态： 落叶灌木。枝丛生，幼枝紫红色，老枝灰棕色，有槽，刺单生，与枝条同色；叶小匙状，倒卵状椭圆形，先端钝尖，有时具细小的短尖头，表面暗绿色，背面灰绿色；花期 4 月，花序伞形或近簇生，有花 2~5 朵，少有单花，黄白色；果期 10 月，浆果椭圆形，熟时红色，有宿存花柱。

常见栽培品种有：

紫叶小檗（*Berberis thunbergii* 'Atropurpurea'）：小枝暗紫色，叶片紫红色，花红色花瓣有红晕，浆果鲜红色。

金叶小檗（*Berberis thunbergii* 'Aurea'）：小枝青绿色，茎多刺，春季新叶淡黄色，后渐变深呈金黄色，秋季落叶前变成橙黄色。

习性： 中性植物，喜光，耐半荫，耐寒；喜肥沃、排水良好的土壤，耐旱，不耐水涝；萌芽力强，耐修剪整形。

分布： 原产于我国东北南部、华北及秦岭地区，日本亦有分布；现全国各地普遍栽培。

应用： 小檗及其变种具有较高的观赏价值，是城市园林绿化、公路绿化隔离带的常用树种；也是抗旱、抗寒、抗风沙的优良树种，可作为防风固沙、保持水土和涵养水源林的地被物。紫叶小檗、金叶小檗还适宜与绿色灌木作块面色彩布置，或制作盆景及配植山石，观赏效果皆好。

紫玉兰　*Yulania liliiflora* (Desr.) D. L. Fu

别名： 辛夷　望春　　**科属：** 木兰科·玉兰属

形态： 落叶小乔木或灌木。常丛生，树皮灰褐色，小枝绿紫色或淡褐紫色。叶椭圆状倒卵形或倒卵形，先端急尖或渐尖，上面深绿色，幼嫩时疏生短柔毛，下面灰绿色，沿脉有短柔毛。花蕾卵圆形，被淡黄色绢毛；花叶同时开放，瓶形，直立于粗壮、被毛的花梗上，稍有香气。聚合果深紫褐色，变褐色，圆柱形；成熟蓇葖近圆球形，顶端具短喙。花期3—4月，果期8—9月。

习性： 喜温暖湿润和阳光充足环境，较耐寒，但不耐旱和盐碱，怕水淹，要求肥沃、排水好的砂壤土。

分布： 为我国特有植物，分布在云南、福建、湖北、四川等地，生长于海拔300~1600m的地区，一般生长在山坡林缘；中国各大城市都有栽培，并已引种至欧美各国。

应用： 是在我国有2000多年历史的传统花卉和中药，原生种列入《世界自然保护联盟》植物红色名录，是非常珍贵的花木。栽培种广为应用，花朵艳丽怡人，芳香淡雅，孤植或丛植都很美观，树形婀娜，枝繁花茂，是著名的早春观赏花木。早春开花时，满树紫红色花朵，幽姿淑态，别具风情，适用于古典园林中厅前院后配植，也可孤植或散植于小庭园内。

二乔玉兰　*Yulania × soulangeana* (Soul.-Bod.) D. L. Fu

别名： 朱砂玉兰　红白玉兰　　**科属：** 木兰科·玉兰属

形态： 落叶小乔木，木兰和玉兰的杂交种。叶倒卵形或宽倒卵形；叶前开花，花大，呈钟状，内面白色，外轮淡紫红色、玫瑰色或白色，具紫红色晕或条纹，有芳香；花萼似花瓣，但长仅达其半，亦有呈小型而绿色者；果为蓇葖果。花期3—4月，果期9—10月。二乔玉兰和紫玉兰极为相似，区别在于二乔木兰花色比紫玉兰要淡，介于两亲本之间，外面粉红色或淡紫色，里面白色。

习性： 喜阳光和温暖湿润的气候，对温度很敏感，南北花期可相差4~5个月，即使在同一地区，每年花期早晚变化也很大。对低温有一定的抵抗力，能在−21℃条件下安全越冬，较玉兰、木兰更为耐寒、耐旱。

分布： 原产于我国，分布于广州、杭州、昆明等地。

应用： 花大色艳，观赏价值很高，是城市绿化的极好花木，广泛孤植于公园、绿地和庭园等作观赏之用。较难移植，早春发芽前10天或花谢后展叶前栽植最为适宜。

叶子花　*Bougainvillea spectabilis* Willd.

别名：三角梅　九重葛　勒杜鹃　**科属**：紫茉莉科·叶子花属

形态：藤状落叶灌木。枝、叶密生柔毛；刺腋生、下弯；叶片椭圆形或卵形，基部圆形，有柄。花序腋生或顶生；苞片椭圆状卵形，基部圆形至心形，暗红色或淡紫红色、粉白色、绿色等；花被管狭筒形，绿色，密被柔毛，顶端5~6裂，裂片开展，黄色；果实长1~1.5cm，密生毛；由于其苞片形似叶片，色彩鲜艳，故名叶子花。花期冬春间。

习性：喜温暖湿润的气候和阳光充足的环境。不耐寒，耐瘠薄，耐干旱，耐盐碱，耐修剪，生长势强，喜水但忌积水；要求充足的光照，长江流域及以北地区均盆栽养护；对土壤要求不严，但在肥沃、疏松、排水好的砂质壤土能旺盛生长；光照不足会影响其开花；适宜生长温度为20~30℃。

分布：原产热带美洲，现中国南方广泛栽培。

应用：色彩鲜艳，花形独特，花量大、花期长，广泛用于景观绿化，可用于城市高架护栏美化，适合于高档别墅花园，有较大的观赏价值。

四照花　*Cornus kousa* subsp. *chinensis* (Osborn) Q. Y. Xiang

科属：山茱萸科·山茱萸属

形态：落叶小乔木。小枝灰褐色；叶对生，纸质，卵形、卵状椭圆形或椭圆形；头状花序近顶生，总苞片4个，黄白色花瓣状，卵形或卵状披针形；聚花果球形，红色。花期5—6月，果期9—10月。

习性：温带树种，喜光，亦耐半荫，喜温暖气候和阴湿环境，适生于肥沃而排水良好的砂质土壤；适应性强，能耐一定程度的寒、旱、瘠薄，耐−15℃低温。在江南一带能露地栽植，夏季叶尖易枯燥。

分布：广泛分布于长江流域各省份，有栽培应用于园林或山地造林。

应用：繁殖简易且周期短，可种植于荒山荒地绿化、美化，以及恢复土壤肥力；比较适园林绿化，可在城市园林中直接应用，是具推广价值的乡土彩叶绿化树种。在公园、庭园等城市绿地栽植应选择在避风向阳、温暖湿润的地方，成片栽植。由于四照花萌枝能力较差，不宜行重剪，以保持自然伞形为最佳。目前浙江龙泉有栽培育苗用于山地造林，春秋两季均可栽植，春季在芽萌动前进行，秋季可在落叶后栽植。

第三篇

藤本植物

　　藤本植物是指那些茎干细长，自身不能直立生长，必须依附他物而向上攀缘的植物。藤本植物根据其冬季是否落叶，分为常绿和落叶两大类；根据它们茎的质地分为草质藤本（如铁线莲）和木质藤本；根据它们的攀附方式，分为攀缘藤本（如木香、凌霄等）、缠绕藤本（如猕猴桃、金银花）和蔓生藤本（如蔓长春花等）。

　　藤本植物一直是造园中常用的植物材料，如今可用于园林绿化的面积愈来愈小，充分利用藤本植物的攀援功能进行垂直绿化是拓展绿化空间，增加城市绿量，提高整体绿化水平，改善生态环境的重要途径。

3.1 常绿藤本与匍匐植物

络石 *Trachelospermum jasminoides* (Lindl.) Lem.

别名： 石龙藤 白花藤　　**科属：** 夹竹桃科·络石属

形态： 常绿木质藤本植物。茎赤褐色，有皮孔，幼枝被黄色柔毛，有气生根；常攀援在树木、岩石墙垣上生长；初夏 5 月开白色花，形如"万"字，芳香；叶革质或近革质，椭圆形至卵状椭圆形或宽倒卵形；花多朵组成圆锥状，花白色，芳香，花冠筒呈圆筒形。花期 3—7 月，果期 7—12 月。

常见栽培品种有：

花叶络石（*Trachelospermum jasminoides* 'Flame'）：春季新叶粉红色。

金叶络石（*Trachelospermum asitaticum* 'Ougon Nishiki'）：叶面金黄色或复色。

五彩络石（*Trachelospermum jasminoides* var. variegate）：叶具白色或浅黄色斑纹。

习性： 喜半荫湿润的环境，耐旱也耐湿，对土壤要求不严，酸性土及碱性土均可生长，以排水良好的砂壤土最为适宜。对气候的适应性强，能耐寒冷，亦耐暑热，但忌严寒，喜弱光，亦耐烈日高温。

分布： 在我国分布很广，山东、安徽、江苏、浙江、福建、台湾、江西、河北、河南、湖北、湖南、广东、广西、云南、贵州、四川、陕西等都有。

应用： 对生长环境要求低，在园林中多作地被，全株有毒；攀附墙壁时，阳面及阴面均可。其中江浙一带花叶络石因为其多层次叶色所构成的色叶群，在园林绿化中广泛使用。一年四季均可种植，以春季为佳。

薜荔 *Ficus pumila* L.

别名： 木莲藤 凉粉果 壁石虎　　**科属：** 桑科·榕属

形态： 常绿攀援或匍匐灌木。含乳汁，节处长根，叶互生，叶异型、二型；花期 4—5 月，与无花果相似，花极小，隐生于肉质囊状花序托内，授粉后发育成倒卵形的复花果。

习性： 花分瘿花、雄花、雌花三种，授粉通过果苞包片错位覆盖处的空隙由一种小虫完成，果实的大小、产量高低与授粉效率有较大的关系。喜湿润肥沃土壤，多攀附在围墙、树桩等处。

分布： 分布于我国华北、华东至广东、海南各省；日本、印度也有分布。垂直分布于海拔 50~800m，野生分布于山区、丘陵、平原的土壤湿润肥沃地块。

应用： 瘦果水洗可作凉粉，藤叶药用。叶片深绿发亮，寒冬不凋。可攀附在村庄前后、山脚、山窝以及沿河沙洲、公路两侧古树、大树和古石桥、庭园围墙等，立体绿化效果好。

常春藤　*Hedera nepalensis* var. *sinensis* (Tobl.) Rehd.

别名：洋常春藤　　**科属：**五加科·常春藤属

形态：多年生常绿攀援灌木。长3~20m，茎上有气生根，单叶互生，叶二型，三角状卵形、戟形，或椭圆状披针形、条椭圆状卵形或披针形，稀卵形或圆卵形，全缘；花淡黄白色或淡绿白色；果实圆球形，红色或黄色。花期9—11月，果期翌年3—5月。

习性：阴性藤本植物，也能生长在全光照的环境中，在温暖湿润的气候条件下生长良好，不耐寒。对土壤要求不严，喜湿润、疏松、肥沃的土壤，不耐盐碱。

分布：分布广泛，北自甘肃东南部、陕西南部、河南、山东，南至广东、江西、福建，西至西藏波密，东至江苏、浙江的广大区域内均有生长。

应用：叶形美丽，四季常青，在南方各地常作垂直绿化使用。多栽植于假山旁、岩石、林缘树木、林下道路、房屋墙壁，让其自然附着垂直或覆盖生长，起到装饰美化环境的效果；常用于盆栽供室内绿化观赏用。在枝蔓停止生长期均可进行栽植，但以春末夏初萌芽前栽植最好。

扶芳藤　*Euonymus fortunei* (Turcz.) Hand.-Mazz.

别名：爬行卫矛　靠墙风　爬墙草　　**科属：**卫矛科·卫矛属

形态：常绿藤本灌木。高1至数米，叶薄革质，椭圆形、长方椭圆形或长倒卵形，边缘齿浅不明显；聚伞花序，花白绿色；蒴果粉红色，果皮光滑，近球状，假种皮鲜红色，全包种子。6月开花，10月结果。

常见栽培变种有：

金边扶芳藤（*Euonymus fortune* 'Emerald Gold'）：叶片较小，叶缘金黄色，冬季转为红色。

银边扶芳藤（*Euonymus fortune* 'Emerald Gaiety'）：叶小似舌状，叶缘乳白色，冬季变为粉红色。

金心扶芳藤（*Euonymus fortune* 'Sunspot'）：叶面卵圆形，叶表面分布金黄色斑点或斑块，茎蔓黄色，多向上生长。

习性：喜温暖湿润环境，喜光，亦耐荫；在雨量充沛、云雾多、土壤和空气湿度大的条件下，植株生长健壮；对土壤适应性强，酸碱及中性土壤均能正常生长，可在砂石地、石灰岩山地栽培，适于疏松、肥沃的砂壤土生长，适生温度为15~30℃。

分布：我国分布较广，黄河流域以南广大地区均有分布。生长于山坡丛林、林缘或攀援于树上或墙壁上。

应用：生长旺盛，终年常绿，是庭园中常见地面覆盖植物，适宜点缀在墙角、山石等；其攀援能力不强，不适宜作立体绿化。可对植株加以整形，使之成悬崖式盆景，置于书桌、几架上，给居室增加绿意。

木香 *Rosa banksiae* Ait.

别名： 木香花　　**科属：** 蔷薇科·蔷薇属

形态： 常绿或半常绿攀援藤本植物。小枝圆柱形，无毛，有短小皮刺；老枝上的皮刺较大，坚硬，经栽培后有时枝条无刺；叶片椭圆状卵形或长圆披针形，花小形，多朵成伞形花序，萼片卵形，花瓣重瓣至半重瓣，白色，倒卵形，花期4—5月。

习性： 喜光，亦耐半荫，较耐寒，适生于排水良好的肥沃润湿地；对土壤要求不严，耐干旱瘠薄，但栽植在土层深厚、疏松、肥沃、湿润而又排水通畅的土壤中则生长更好，也可在黏重土壤上正常生长；不耐水湿，忌积水。

分布： 分布于我国四川、云南，现华北以南地区多有栽培；生长于溪边、路旁或山坡灌丛中。

应用： 花密，色艳，香浓，可吸收废气，阻挡灰尘，净化空气，是极好的垂直绿化材料，适用于布置花柱、花架、花廊和墙垣，是作绿篱的良好材料，非常适合家庭种植。著名观赏植物，常栽培供攀援棚架之用，具有较高的园艺价值。适宜在秋末或春季栽植。

蔓长春花 *Vinca major* L.

别名： 长春蔓　　**科属：** 夹竹桃科·蔓长春花属

形态： 蔓性半灌木。茎偃卧，花茎直立；叶椭圆形，先端急尖，基部下延；花单朵腋生，花冠蓝色，花冠筒漏斗状；蓇葖长约5cm。花期3—5月。

常用栽培品种：

花叶蔓长春花（*Vinca major* 'Variegata'）：叶面具黄白色斑，叶缘乳黄色。

习性： 喜温暖湿润气候，喜光也较耐荫，稍耐寒；忌湿怕涝，室内过冬植株严格控制浇水，露地栽培盛夏阵雨时注意及时排水；喜深厚肥沃湿润土壤，耐瘠薄土壤，但不能使用偏碱性、板结、通气性差的黏质土壤；为喜光性植物，生长期必须有充足阳光，若长期长在荫蔽处，叶片发黄落叶。

分布： 原产地中海沿岸及美洲、印度等地，我国江苏、上海、浙江、湖北和台湾等地区有栽培。

应用： 四季常绿，有较强的生命力，为理想的地被植物。花色绚丽，有着较高的观赏价值。

金樱子　*Rosa laevigata* Michx.

别名: 刺梨子　**科属:** 蔷薇科·蔷薇属

形态: 常绿攀援灌木。小枝粗壮,散生扁弯皮刺,无毛;小叶革质,椭圆状卵形、倒卵形或披针状卵形,边缘有锐锯齿,上面亮绿色无毛,下面黄绿色;花单生于叶腋,花梗和萼筒密被腺毛,随果实成长变为针刺;花瓣白色,宽倒卵形,先端微凹;果梨形、倒卵形,稀近球形,紫褐色,外面密被刺毛。花期4—6月,果期7—11月。

习性: 喜温暖湿润的气候和阳光充足的环境,适应性强,正常生长发育要求年平均气温15℃以上,能耐−2~3℃低温;耐干旱、瘠薄,以土层深厚、肥沃、排水良好的砂质壤土为好,在中性和微酸性土壤上生长最好。

分布: 主要分布于陕西、安徽、江西、江苏、浙江、湖北、湖南、广东、广西、台湾、福建、四川、云南、贵州等省份;喜生于向阳的山野、田边、溪畔灌木丛中,海拔200~1600m。

应用: 有很强的观赏价值,可在庭园或者园林中配置;多野生于荒废山野多石的阳坡灌木丛中。皮含鞣质可制栲胶,果实可熬糖及酿酒;根、叶、果均入药,有活血散瘀、祛风除湿、解毒收敛及杀虫等功效,叶外用治疮疖、烧烫伤,果能止腹泻并对流感病毒有抑制作用。

金樱子

3.2 落叶藤本与匍匐植物

紫藤 *Wisteria sinensis* (Sims) DC.

别名：紫藤花 朱藤　**科属：**豆科·紫藤属

形态：落叶攀援缠绕性大藤本植物。钩连盘曲，攀栏缠架，初夏时紫穗悬垂，花繁而香，盛暑时则浓叶满架，荚果累累。春季开花，青紫色蝶形花冠，花絮下垂，花紫色或深紫色，十分美丽。

习性：暖带及温带植物，适应性强，较耐寒，能耐水湿及瘠薄土壤，喜光，较耐荫；在土层深厚、排水良好、向阳避风的地方栽培最适宜。

分布：原产于我国，华北地区多有分布，华东、华中、华南、西北和西南地区均有栽培。

应用：老干盘桓扭绕，宛若蛟龙，宜作棚架栽植；若作灌木状栽植于河边或假山旁亦十分相宜；老桩可制作盆景，观形、观花、观果俱佳。主根深，侧根浅，不耐移栽；生长较快，寿命很长；缠绕能力强，对其他植物有绞杀作用。移植多于早春为最佳。

藤本月季 *Rosa (Climbers Group)*

别名：藤蔓月季 爬藤月季　**科属：**蔷薇科·蔷薇属

形态：落叶藤状或蔓状灌木。单数羽状复叶，互生；以茎上钩刺或蔓靠他物攀援，茎有疏密不同尖刺；花单生或聚生或簇生，花形各异，花色多样，花期较长，可三季开花，且成簇花开放时散发浓香。

习性：适应性强，耐寒耐旱，对土壤要求不严格；喜日照充足、空气流通、排水良好而避风的环境，盛夏需适当遮荫。较耐寒，冬季气温低于5℃即进入休眠；夏季高温持续30℃以上，则多数品种开花减少，品质降低，进入半休状态。要求富含有机质、肥沃、疏松之微酸性土壤；空气相对湿度宜75%~80%，保持空气流通。

分布：我国南北不同区域均宜栽植。

应用：花朵硕大，花色艳丽，味香，具有很好的观赏价值，可作为棚架、花篱、花屏障、花墙、花柱、花廊、阳台绿化材料。园林中多将之攀附于各式通风良好的架、廊之上，可形成花球、花柱、花墙、花海、拱门形、走廊形等景观。常有病虫危害，应加强防治。春秋两季均可栽植，春季在芽萌动前进行，秋季可在落叶后栽植。

爬山虎　*Parthenocissus tricuspidata* (Sieb.et Zucc.) Planch.

别名： 爬墙虎 地锦　　**科属：** 葡萄科·地锦属

形态： 落叶木质藤本植物。藤茎可长达18m，叶互生，小叶肥厚，基部楔形，变异很大，边缘有粗锯齿，叶片及叶脉对称；夏季开花，花小，成簇不显，黄绿色或浆果紫黑色，与叶对生；浆果小球形，熟时蓝黑色，被白粉，鸟喜食。花期6月，果期9—10月。

习性： 适应性强，喜阴湿环境，但不怕强光，耐寒，耐旱，耐贫瘠，气候适应性广泛；耐修剪，怕积水，对土壤要求不严，阴湿环境或向阳处，均能茁壮生长，但在阴湿、肥沃的土壤中生长最佳。它对二氧化硫和氯化氢等有害气体有较强的抗性，对空气中的灰尘有吸附能力。

分布： 我国河南、辽宁、安徽、浙江等省份均有分布。

应用： 夏季枝叶茂密，常攀援在墙壁或岩石上，适于配植宅院墙壁、围墙、庭园入口、桥头石块等处可美化环境，又能降温，调节空气，减少噪声。其根系会分泌酸性物质腐蚀石灰岩，根沿着墙的缝隙钻入其中，使缝隙过大，严重可致墙体碎裂倒塌。适宜在秋末或春季栽植。

五叶地锦　*Parthenocissus quinquefolia* (L.) Planch.

别名： 美国爬山虎　　**科属：** 葡萄科·地锦属

形态： 木质藤本。小枝圆柱形，无毛，卷须，顶端嫩时尖细而卷曲，遇附着物时扩大成吸盘；叶为掌状5小叶，小叶倒卵圆形、倒卵椭圆形或外侧小叶椭圆形，基部楔形或阔楔形，边缘有粗锯齿，上面绿色，下面浅绿色，两面均无毛或下面脉上微被疏柔毛；花序假顶生形成主轴明显的圆锥状多歧聚伞花序；果实球形。花期6—7月，果期8—10月。

习性： 喜温暖气候，具有一定的耐寒能力，耐荫、耐贫瘠、耐干燥，对土壤与气候适应性较强，干燥条件下也能生存，抗逆性强；在中性或偏碱性土壤中均可生长，有一定的抗盐碱能力，抗病性强，病虫害少。

分布： 原产北美地区；我国东北、华北各地有栽培，可向南引种于长江流域。

应用： 垂直绿化主要树种之一，可绿化墙面、廊亭、山石或老树干，也可作地被植物；因其长势旺盛，常被用于高架桥下的立柱上。它对二氧化硫等有害气体有较强的抗性，也适合作工矿街坊的绿化材料。同时，植株向空中延伸，占地面积小，很容易见到绿化效果；且抗氯气强，随着季相变化而变色，是绿化、美化、彩化、净化的垂直绿化好材料。

凌霄 *Campsis grandiflora* (Thunb.) Schum.

别名： 凌霄花 紫葳 凌苕　　**科属：** 紫葳科·凌霄属

形态： 落叶攀援藤本。茎木质，表皮脱落，枯褐色，以气生根攀附于它物之上；叶对生，为奇数羽状复叶，小叶卵形至卵状披针形，边缘有粗锯齿；花萼钟状，花冠内面鲜红色，外面橙黄色。花期 5—8 月。

同属栽培种：

美国凌霄（*Campsis radicans* (L.) Seem.）：小叶 7~13 枚，叶背脉间有细毛，花冠较小，筒长，橘黄色；耐寒性较凌霄强。原产美国，现我国各地常见栽培。

习性： 喜充足阳光，也耐半荫；适应性较强，耐寒、耐旱、耐瘠薄、耐盐碱，病虫害较少，但不适宜在暴晒或无阳光下；以排水良好、疏松的中性土壤为宜，忌酸性土；较耐水湿，忌积涝、湿热，一般不需要多浇水。

分布： 分布于长江流域各地，以及河北、山东、河南、福建、广东、广西、陕西等地。

应用： 干枝虬曲多姿，翠叶团团如盖，花大色艳，花期甚长，为庭园中棚架、花门之良好绿化材

料；用于攀援墙垣、枯树、石壁，均极适宜；经修剪、整枝等栽培措施，可成灌木状栽培观赏。管理粗放、适应性强，是理想的城市垂直绿化材料。花、茎、叶、根均可入药。要求土壤肥沃的沙土，但忌大肥，否则影响开花。栽植时间宜采在春季，2 月下旬至 3 月中旬。

铁线莲 *Clematis florida* Thunb.

别名： 番连 铁线牡丹　　**科属：** 毛茛科·铁线莲属

形态： 多数为落叶草质藤本。茎棕色或紫红色，具六条纵纹，节部膨大，被稀疏短柔毛；二回三出复叶，小叶片狭卵形至披针形，顶端钝尖，基部圆形或阔楔形，边缘全缘，极稀有分裂；花单生于叶腋，单瓣至重瓣，花色一般为白色；瘦果倒卵。花期从早春到晚秋（少数冬天开花），果期夏季。有若干个种、变种及其品种和杂交种，可栽培供园林观赏用。

习性： 喜肥沃、排水良好的碱性壤土，忌积水或夏季干旱而不能保水的土壤；耐寒性强，可耐 -20℃低温。有红蜘蛛或食叶性害虫危害时需加强通风。

分布： 分布于广西、广东、湖南、江西等地；生于低山区的丘陵灌丛中、山谷、路旁及小溪边，园林中应用栽培广泛，浙江省有变种重瓣铁线莲野生分布。

应用： 享有"藤本花卉皇后"之美称，花色一般为白色，变种花色多样，花有芳香气味，可作展览用切花，可用于攀援常绿或落叶乔灌木上，可用作地被。适宜在秋末或春季栽植。

金银花 *Lonicera japonica* Thunb.

别名：忍冬　二色花藤　**科属：**忍冬科·忍冬属

形态：落叶或半常绿缠绕藤本。茎细长中空，皮棕褐色，条形剥落；幼时密被柔毛；叶对生卵形或长卵形，先端有小短尖；盛花期5—6月，少数开至9月；花成对生于叶腋，花冠长筒状二唇形，上唇4裂，下唇不裂，初开白色，后变黄色，有清香。果期9—10月，浆果球形，蓝黑色。

习性：中性植物，喜阳亦耐荫，耐寒性强；对土壤要求不严，酸、碱土壤均能适应，也耐干旱和水湿；根系发达，萌蘖力强，茎着地即能生根，每年春夏两次发梢。

分布：北起辽宁，西至陕西，南达湖南，西南至贵州、云南均有分布。

应用：藤蔓缭绕，冬叶微红，开花时节花色黄白相间，开花时间长，且具清香，为色香俱佳的藤本植物。可缠绕篱垣、花架、花廊等作垂直绿化；或附于山石，植于沟边，用作地被，富有自然情趣；或在假山、岩坡缝隙间点缀，美化效果好。

昆明鸡血藤 *Callerya dielsiana* (Harms) P. K. Loc ex Z. Wei & Pedley.

别名：山鸡血藤　**科属：**豆科·鸡血藤属

形态：落叶或半常绿攀援木质藤本。奇数羽状复叶，小叶7~13枚，卵状长椭圆形，先端钝，微凹，基部近圆形，无毛；圆锥花序顶生，花序轴被黄色疏柔毛；花多而密集，单生于序轴的节上；萼钟状，花冠紫红色或玫瑰红色；花期8—9月；荚果扁条形，长约15cm，果瓣近木质，种子扁圆形，10—11月成熟。

习性：中性植物，喜光，稍耐荫；喜温暖气候，耐寒性弱；土壤适应性强，耐干旱瘠薄，在肥沃、排水良好的土壤中生长旺盛。

分布：分布于华东、华南及云南昆明；常生于山野间灌丛中。

应用：枝叶青翠茂盛，夏末秋初开花，紫红或玫瑰红色圆锥花序成串下垂，色彩艳美。适用于花廊、花架、围墙等的垂直绿化，也可配置于亭榭、山石旁，或作地被物覆盖荒坡、堤岸及疏林下的裸地等；老桩还可制作盆景供观赏。

葡萄 *Vitis vinifera* L.

科属： 葡萄科·葡萄属

形态： 落叶木质大藤本。枝长达 10 余米，枝粗壮，皮长片状剥落，红褐色，间断性卷须与叶对生，芽有褐色毛；单叶互生，叶大，卵圆形，3~5 裂，先端渐尖，基部心形；圆锥花序与叶对生，花小，色淡黄，花期 3—4 月；浆果球形或椭圆形，成串下垂，有紫色、红色、绿色等，果熟期 7—8 月。

习性： 阳性植物，喜光，不耐荫；但病虫较多、寿命长。

分布： 原产于欧洲和亚洲西部；在 2000 多年前汉代张骞出使西域引种于新疆后又传入内地，现各地普遍栽培。

应用： 枝长叶大，绿叶成荫，串串浆果晶莹可爱，为著名的水果和观果树种，深受人们的喜爱。除专园作果树栽培外，常用于庭园棚架、门廊绿化以及公园中跨路长廊和大型休息花架上作覆盖；亦可盆栽供观赏。

猕猴桃 *Actinidia chinensis* Planch.

别名： 中华猕猴桃 藤梨 羊桃　　**科属：** 猕猴桃科·猕猴桃属

形态： 落叶缠绕大藤本。枝长达 10m，长枝先端具逆时针缠绕性，能攀附于其他植物或支架上，新梢年生长量可达 3m 以上；小枝幼时密生灰棕色绒毛，老叶渐脱落；叶纸质，营养枝上的叶宽卵圆形或椭圆形，花枝上的叶则近圆形，缘有纤毛状细锯齿，背面密生白色茸毛；花杂性，多为雌雄异株，聚伞花序，初为白色，后转为淡黄色，有香味，花期 4—5 月；浆果近球形至椭圆形，黄褐绿色，被棕色绒毛，香蕉味，果熟期 8—9 月。

习性： 中性植物，喜光，略耐荫；喜温暖气候，亦较耐寒；喜肥沃湿润、排水良好的土壤，但对土壤适应性强；根系肉质，主根发达，形成簇生的侧枝叶根群；萌蘖力强，有较好的自然更新能力。

分布： 广泛分布于长江流域及以南各省份，北至陕西、河北也有分布。

应用： 藤蔓叶密荫浓，花色雅丽，果实圆大，甚为可爱，为新兴的棚架绿化材料和水果新品。适于自然式公园中绿廊、花架、绿门处配植应用，亦可攀附于古树、假山、峭壁、山坡。其果实富含维生素 C、糖类与氨基酸等，味酸甜而香，可鲜食或制果酱、果脯或酿酒。

葛藤　*Argyreia pierreana* Bois

别名: 白花银背藤　野葛　粉葛藤　　**科属:** 旋花科·银背藤属

形态: 落叶大藤本。全株有褐黄色长硬毛，块根厚大；小叶顶生，菱状卵形，端渐尖，全缘，有时浅裂，叶背有粉霜；花期 8—10 月，花冠紫红色。

习性: 阳性植物，喜光，不耐荫；适应性极强，不择土壤，耐干旱瘠薄；耐寒，在寒冷地区越冬时地上部分冻死，但地下部分仍可正常越冬。

分布: 原产于我国华中各地山区，现华北以南各地均有栽培。

应用: 能适应各种地形地貌的复杂环境和生态脆弱立地，在沉降或阶台式地形的垂直绿化上能很好地发挥其特长，如高速公路护坡、裸露山体绿化及水土保持等；其观叶、观花效果也较好，是棚架、门廊绿化的好材料。

第四篇

草本植物

　　草本植物是指植物体木质部不发达，茎多汁，较柔软，干软弱支持力弱的植物。草本植物体形一般都很矮小，寿命较短，多数在生长季节终了时地上部分或整株植物体死亡。

　　草本植物根据其生命周期的长短，一般分为一年生草本植物、二年生草本植物和多年生草本植物。按其地上部分每年死亡，而地下休眠部分的形态是否具有膨大为变态根或变态茎，分为宿根花卉（如芍药、蜀葵等）和球根花卉（如美人蕉、郁金香、石蒜等）。多年生草本植物按其在生命周期内地上常绿部分是否能经受人工修剪，且形态是否能均匀覆盖地面，分为多年生常绿草本（如麦冬草、玉簪、葱兰等）和多年生草坪草（如结缕草、马尼拉等）。

4.1 一二年生花卉

金盏菊 *Calendula officinalis* L.

别名： 黄金盏 长生菊　**科属：** 菊科·金盏花属

形态： 一年生草本。株高约 20~75cm，全株被毛，叶互生，长圆形；头状花序单生，小花黄或橙黄色，此外还有橙红、白色等，有重瓣、卷瓣和绿心、深紫色花心等栽培品种；全株通常绿色或多少被腺状柔毛，基生叶长圆状倒卵形或匙形；管状花檐部具三角状披针形裂片。花期 12 月至翌年 5 月，果期 6—10 月。

产地与习性： 原产南欧及伊朗。中性植物，喜光，稍耐荫；适应性强，耐低温，忌夏季烈日高温；播种或扦插繁殖，耐移植。

万寿菊 *Tagetes erecta* L.

别名： 臭芙蓉 蜂窝菊　**科属：** 菊科·万寿菊属

形态： 一年生草本。茎直立，粗壮，具纵细条棱，分枝向上平展；叶羽状分裂，沿叶缘有少数腺体；头状花序单生，舌状花黄色或暗橙色，管状花，花冠黄色，此外还有橘红、复色等；总苞杯状，顶端具齿尖；瘦果线形，基部缩小，黑色或褐色，被短微毛；冠毛有 1~2 个长芒和 2~3 个短而钝的鳞片。花期 7—9 月。

产地与习性： 原产墨西哥。中性植物，喜光，稍耐荫；不耐寒冷，怕湿热；适应性强，对土壤要求不严，较耐旱。

孔雀草 *Tagetes patula* L.

别名： 孔雀菊 小万寿菊　　**科属：** 菊科·万寿菊属

形态： 一年生草本植物。茎直立，分枝斜展；叶羽状分裂；头状花序单生，管状花，花冠黄色，此外还有橙、棕红、复色等；瘦果线形。花期5—10月。

产地与习性： 原产墨西哥。中性植物，喜光，耐半荫；对土壤要求不严，耐移栽，栽培管理容易。撒落在地的种子可自生自长，适应性很强。

百日菊 *Zinnia elegans* Jacq.

别名： 百日草 对叶菊　　**科属：** 菊科·百日菊属

形态： 一年生草本。株高30~100cm，茎直立，被糙毛或长硬毛；叶宽卵圆形或长圆状椭圆形，两面粗糙，下面被密的短糙毛，基出三脉；头状花序单生枝端，舌状花深红、玫瑰、紫堇或白色，舌片倒卵圆形，上面被短毛，下面被长柔毛；管状花黄或橙色，顶端裂片卵状披针形，上面被黄褐色密茸毛；雌花瘦果倒卵圆形，管状花瘦果倒卵状楔形。花期6—9月，果期7—10月。

产地与习性： 原产南北美洲。中性植物，喜光，耐半荫；喜温暖，不耐寒；对土壤要求不严，耐干旱瘠薄；根深茎硬不易倒伏，忌连作。

二月兰 *Orychophragmus violaceus* (Linnaeus) O. E. Schulz

别名：紫金草 诸葛菜　**科属：**十字花科·诸葛菜属

形态：一年或二年生草本植物。高可达 50cm，全株无毛，茎直立；基生叶及下部茎生叶大头羽状全裂，叶柄疏生细柔毛；花萼筒状，花瓣宽倒卵形，紫色、浅红色或褪成白色，密生细脉纹；长角果线形；种子卵形至长圆形，黑棕色。花期 3—5 月，果期 5—6 月。

产地与习性：分布于辽宁、河北、山西、山东、河南、安徽、江苏、浙江、湖北、江西、陕西、甘肃、四川，生在平原、山地、路旁或地边。适应性强，耐寒，萌发早，喜光；对土壤要求不严，酸性土和碱性土均可生长，但需疏松、肥沃、土层深厚的地块；其根系发达，生长良好，产量高，在瘠薄地栽培，只要加强管理，也能获得高产。

银叶菊 *Jacobaea maritima* (L.) Pelser & Meijden

别名：雪叶菊　**科属：**菊科·疆千里光属

形态：多年生草本，常作一年生或二年生栽培。全株终身银白色，正背面均有绒毛；分支性强，丛生状；叶片质较薄，缺裂，如雪花图案；头状花序集成伞房花序，舌状花小，金黄色，管状花褐黄色。花期 6—9 月。

产地与习性：原产欧洲南部。宿根花卉，中性植物，喜阳光充足、凉爽湿润的气候，较耐寒；在长江流域能露地越冬，不耐酷暑，高温高湿易死亡；宜生于疏松肥沃的砂质土壤或富含有机质的黏质土壤。

石竹　*Dianthus chinensis* L.

别名：中国石竹　洛阳石竹　**科属：**石竹科·石竹属

形态：多年生草本，常作一年或二年生栽培。高 30~50cm，全株无毛，带粉绿色；茎由根颈生出，疏丛生，直立，上部分枝；叶片线状披针形，顶端渐尖，基部稍狭，全缘或有细小齿，中脉较显；花单生枝端或数花集成聚伞花序，顶缘不整齐齿裂，喉部有斑纹，疏生髯毛，有紫红、红、粉、白等色及复色；蒴果圆筒形，包于宿存萼内；种子黑色，扁圆形。花期 5—7 月。

产地与习性：原产我国华北及长江流域。宿根花卉，阳性植物，喜光、喜凉爽、干燥气候，耐寒；喜排水良好、含石灰质的肥沃土壤，忌水涝。

三色堇　*Viola tricolor* L.

别名：蝴蝶花　猫脸花　**科属：**堇菜科·堇菜属

形态：二年或多年生草本植物。基生叶叶片长卵形或披针形，具长柄，茎生叶叶片卵形、长圆形或长圆披针形，先端圆或钝，边缘具稀疏的圆齿或钝锯齿；每花有紫、白、黄三色，此外还有紫、红、橙、黄、蓝、白等色的栽培种。花期 3—6 月。

产地与习性：原产北欧，园艺品种多。中性植物，耐半荫，耐寒，喜凉爽气候，畏夏季烈日高温；喜生长于疏松、肥沃、湿润而排水良好的砂质土壤中。

勋章菊 *Gazania rigens* (L.) Gaertn.

别名：功章菊　　**科属：**菊科·勋章菊属

形态：多年生草本植物，常作一年或二年生栽培。株高可达40cm，叶由根际丛生，叶片披针形或倒卵状披针形，叶背密被白毛，叶形丰富；头状花序单生，舌状花和管状花两种，花瓣有光泽，花心处多有黑色、褐色，花有红、粉、黄、白等色及复色。花期4—6月。

产地与习性：原产非洲南部。宿根花卉，中性植物，喜光，喜温暖气候，耐寒性差；适应性较强，但以疏松肥沃的土壤为宜，较耐干旱，不耐积水。

长春花 *Catharanthus roseus* (L.) G. Don

别名：四时春　日日新　雁来红　　**科属：**夹竹桃科·长春花属

形态：宿根花卉，常作一年或二年生栽培应用。高达60cm，全株无毛或仅有微毛，有水液；茎近方形，有条纹，灰绿色；叶膜质，倒卵状长圆形，先端浑圆，有短尖头，基部广楔形至楔形，渐狭而成叶柄；聚伞花序腋生或顶生，花有蓝紫、粉红、白等色；蓇葖双生；外果皮厚纸质，有条纹，被柔毛；种子黑色，具有颗粒状小瘤。花期7—10月。

产地与习性：原产亚洲南部和非洲东部，我国长江流域以南地区均有栽培。中性植物，喜阳光充足、温暖湿润的环境；怕严寒，忌干热，夏季应充分灌水，且置略荫处开花较好。

矮牵牛　*Petunia* × *hybrida* hort. ex Vilm.

别名：碧冬茄 番薯花　**科属：**茄科·矮牵牛属

形态：多年生草本，常作一年或二年生栽培。高 20~45cm，茎匍地生长，被有黏质柔毛；叶质柔软，卵形，全缘，互生，上部叶对生；花单生，呈漏斗状，重瓣花球形，花白色、紫色或各种红色、杂色等，并镶有它色边，非常美丽；蒴果；种子细小。花期 4 月至降霜。

产地与习性：原产巴西南部。阳性植物，喜光，喜温暖，不耐寒；适应性强，耐干旱瘠薄，忌积水；土壤过肥，则生长过旺，会致使枝条长倒伏。

金鱼草　*Antirrhinum majus* L.

别名：龙头花 狮子花 洋彩雀　**科属：**车前科·金鱼草属

形态：多年生直立草本，常作一年或二年生栽培。茎基部有时木质化，高可达 80cm，基部无毛，中上部被腺毛，基部有时分枝；叶下部对生；总状花序顶生，花有紫、红、粉、黄、橙、白等色，密被腺毛；蒴果卵形，基部强烈向前延伸，被腺毛，顶端孔裂。花期 5—6 月。

产地与习性：原产地中海沿岸及北非。中性植物，喜光，耐半荫；喜凉爽，较耐寒，不耐酷热；喜疏松肥沃、排水良好的土壤，稍耐石灰质土壤。

一串红　*Salvia splendens* Ker-Gawler

别名： 西洋红　爆仗红　　**科属：** 唇形科·鼠尾草属

形态： 宿根花卉，常作一年或二年生栽培应用。亚灌木状草本，高可达90cm，茎钝四棱形，具浅槽，无毛；叶卵圆形或三角状卵圆形；轮伞花序组成顶生总状花序，花有鲜红、绯红、紫、白等色；坚果暗褐色，顶端不规则皱褶，边缘具窄翅。花期4—10月。

产地与习性： 原产巴西。中性植物，喜光，稍耐荫；喜温暖湿润气候，不耐霜寒，生长适温20~25℃；其矮性品种，抗热性差，对高温阴雨特别敏感；喜疏松、肥沃、排水良好、中性至弱碱性土壤。

鸡冠花　*Celosia cristata* L.

别名： 红鸡冠　　**科属：** 苋科·青葙属

形态： 一年生直立草本。高30~80cm，全株无毛，粗壮；分枝少，近上部扁平，绿色或带红色，有棱纹凸起；单叶互生，先端渐尖或长尖，基部渐窄成柄，全缘；中部以下多花，有紫红、粉、橙、黄等色；苞片、小苞片和花被片干膜质，宿存；胞果卵形，熟时盖裂，包于宿存花被内；种子肾形，黑色，光泽。花期6—10月。

产地与习性： 原产印度，现世界各地广泛栽培。阳性植物，喜光，喜炎热和空气干燥，不耐寒，遇霜冻即枯亡；宜疏松而肥沃的土壤，喜肥，不耐瘠薄。

凤尾鸡冠花　*Celosia cristata* 'Plumosa'

别名：笔鸡冠花　**科属：**苋科·青葙属

形态：一年生草本植物。株高 30~80cm，分高矮种，茎粗壮分枝；穗状花序聚集成三角形的圆锥花序，顶生呈羽毛状，花有紫红、红、橙、黄等色。花期 6—10 月。

产地与习性：原产印度及亚热带地区。阳性植物，喜光，喜炎热和干燥气候，不耐寒；宜疏松而肥沃的土壤，喜肥，不耐瘠薄。

千日红　*Gomphrena globosa* L.

别名：火球花　杨梅花　**科属：**苋科·千日红属

形态：一年生直立草本。高 20~60cm，茎粗壮，有分枝，枝略成四棱形，有灰色糙毛，幼时更密，节部稍膨大；叶片纸质，长椭圆形或矩圆状倒卵形；花多数，密生，成顶生球形或矩圆形头状花序，花有紫红、粉红、白等色；胞果近球形；种子肾形，棕色，光亮。花期 7—10 月。

产地与习性：原产美洲热带地区，一年生花卉，现世界各地广为栽培。阳性植物，喜光照充足、温热、干燥的环境，不耐寒；喜疏松、肥沃的土壤，较耐干旱，不耐积水。

凤仙花 *Impatiens balsamina* L.

别名： 指甲花 小桃红 透骨草 　**科属：** 凤仙花科·凤仙花属

形态： 一年生草本。高 60~100cm，茎粗壮，肉质，直立，不分枝或有分枝，无毛或幼时被疏柔毛；具多数纤维状根，下部节常膨大；花色丰富，有紫、红、粉、白等色及杂色；蒴果宽纺锤形，两端尖，密被柔毛；种子多数，圆球形，黑褐色。花期 6—9 月。

产地与习性： 原产我国南部、印度、马来西亚。阳性植物，喜光，耐热不耐寒；适生于疏松、肥沃、微酸性土壤，亦耐瘠薄；适应性强，撒落在地的种子可自生自长，移植易成活，生长迅速。

醉蝶花 *Tarenaya hassleriana* (Chodat) Iltis

别名： 西洋白花菜 凤蝶草 　**科属：** 白花菜科·醉蝶花属

形态： 一年生草本植物。花茎直立，株高 40~60cm，有的品种可达 1m，全株被黏质腺毛，有托叶刺，会散发一股强烈的特殊气味；叶片为掌状复叶，小叶 5~7 枚，为矩圆状披针形；总状花序顶生，花由底部向上依序开放，花瓣披针形向外反卷，有紫红、粉红、白等色；蒴果圆柱形，种子浅褐色。花期 6—10 月。

产地与习性： 原产南美热带地区。阳性植物，喜光，耐半荫；喜温暖湿润气候，稍耐高温与干旱，不耐寒；以疏松、肥沃土壤为宜；自播能力强。

大花马齿苋 *Portulaca grandiflora* Hook.

别名: 半枝莲 太阳花　　**科属:** 马齿苋科·马齿苋属

形态: 一年生草本。高 10~30cm，茎平卧或斜升，紫红色，多分枝，节上丛生毛；叶密集枝端，较下的叶不规则互生，叶片细圆柱形，无毛；花单生或数朵簇生枝端，日开夜闭，有紫、红、粉、橙、黄等色及复色；蒴果近椭圆形，盖裂；种子细小，多数，圆肾形，铅灰色、灰褐色或灰黑色，有珍珠光泽，表面有小瘤状凸起。花期 6—10 月，果期 8—11 月。

产地与习性: 原产巴西、阿根廷，我国各地均有栽培。阳性植物，喜阳光充足、温暖、干燥的环境，在阴暗潮湿之处生长不良；见阳光花开，早、晚、阴天闭合，故而得名"太阳花"。全草可供药用，有散瘀止痛、清热、解毒消肿功效。

彩叶草 *Coleus hybridus* Hort. ex Cobeau

别名: 五彩草 锦紫苏　　**科属:** 唇形科·鞘蕊花属

形态: 直立或上升草本，宿根花卉，常作一年或二年生栽培。茎通常紫色；叶片膜质，其变异很大，通常卵圆形，先端钝至短渐尖，基部宽楔形至圆形，边缘具圆齿状锯齿或圆齿；轮伞花序多花，花冠紫或蓝色，亦有桃红色、黄绿色、乳白色、复色等栽培品种色，花多数密集排列，花梗与序轴被微柔毛；小坚果褐色，具光泽。花期 7—9 月，观叶期 3—10 月。

产地与习性: 原产东南亚。中性植物，喜光，稍耐荫，光线充足能使叶色鲜艳；喜温暖气候，冬季温度不低于 10℃，夏季高温时稍加遮荫。

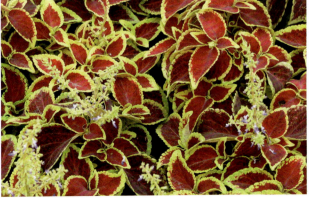

羽衣甘蓝 *Brassica oleracea* var. *acephala* de Candolle

别名： 花菜 叶牡丹　　**科属：** 十字花科·芸薹属

形态： 二年生观叶草本花卉，甘蓝的园艺变种。株高一般为 20~40cm，基生叶片紧密互生呈莲座状，叶片有光叶、皱叶、裂叶、波浪叶之分，有紫红、桃红、黄绿、乳白等色，外叶较宽大；总状花序，4 月抽苔开花，金黄、黄、橙黄色；果实为角果；种子黑褐色扁球形。观叶期 12 月至翌年 3 月。

产地与习性： 原产北欧西南部。阳性植物，喜阳光充足、凉爽的环境，耐寒；宜疏松肥沃、排水良好的土壤，极喜肥。

紫叶甜菜 *Beta vulgaris* var. *cicla* L. *'Vulkan'*

别名： 紫叶厚皮菜　　**科属：** 苋科·甜菜属

形态： 宿根花卉，常作二年生栽培。以观叶为主，有紫红、酱红色；株高因品种而异，矮生种 30~50cm，高生种 60~110cm；根部较粗短，入土亦浅；叶阔卵形，光滑，肥厚多肉质，叶柄长而宽；果实褐色，外皮粗糙而坚硬，内有一至数粒种子。观叶期 12 月至翌年 10 月。

产地与习性： 原产欧洲，我国长江流域栽培广泛。中性植物，喜光，稍耐荫，阳光充足能使叶色鲜艳，夏季高温时稍加遮荫；适应性强，对土壤要求不严。

4.2　多年生宿根花卉

菊花　*Chrysanthemum morifolium* Ramat.

别名: 秋菊 黄花 节花　**科属:** 菊科·菊属

形态: 多年生草本。高 60~150cm, 茎直立, 分枝或不分枝, 被柔毛; 叶互生, 叶片卵形至披针形, 羽状浅裂或半裂, 基部楔形, 下面被白色短柔毛, 边缘有粗大锯齿或深裂, 基部楔形; 头状花序单生或数个集生于茎枝顶端, 花色丰富, 有紫红、红、粉、黄、橙、白等色及复色。花期 9—11 月。

产地与习性: 原产我国, 是我国传统十大名花之一, 现世界各地普遍栽培。中性植物, 喜光, 稍耐荫, 夏季需遮烈日照射; 耐寒, 喜凉爽的气候, 宿根能耐 −30℃的低温; 要求疏松、肥沃、排水良好的砂质壤土, 忌连作, 忌水涝。

芍药　*Paeonia lactiflora* Pall.

别名: 殿春 将离　**科属:** 芍药科·芍药属

形态: 多年生草本植物。茎高 40~70cm, 无毛; 根粗壮, 分枝黑褐色; 下部茎生叶为二回三出复叶, 上部茎生叶为三出复叶, 小叶狭卵形, 椭圆形或披针形; 花数朵, 生茎顶和叶腋, 有时仅顶端一朵开放, 有紫红、粉红、黄、白等色, 栽培品种繁多, 雍容华贵; 蓇葖果顶端具喙。花期 5—6 月, 果期 8 月。

产地与习性: 原产我国北部、日本及西伯利亚。中性植物, 喜光, 稍耐荫; 极耐寒, 忌夏季湿热; 宜湿润及排水良好的土壤或砂壤土, 耐干旱, 忌盐碱地和低洼地。以分株繁殖为主, 应在秋季进行, 切忌春季分株。

荷包牡丹 *Lamprocapnos spectabilis* (L.) Fukuhara

别名: 铃儿草 兔儿牡丹　**科属:** 罂粟科·荷包牡丹属

形态: 多年生草本植物。株高 30~60cm，地上茎直立，圆柱形，带紫红色，根状茎肉质；小裂片通常全缘，表面绿色，背面具白粉，两面叶脉明显；花粉红色或紫红色。花期 5—6 月。

产地与习性: 原产我国河北及东北各地，多年生宿根花卉。中性植物，生长期间喜侧方遮荫，忌阳光直射；耐寒，不耐高温；喜湿润，不耐干旱；宜栽于富含有机质的土壤，在砂土及黏土中生长不良。

萱草 *Hemerocallis fulva* (L.) L.

别名: 忘忧草　**科属:** 阿福花科·萱草属

形态: 多年生草本。根状茎粗短，具肉质纤维根，多数膨大呈窄长纺锤形；叶基生成丛，条状披针形，背面被白粉；圆锥花序顶生，橙色或黄色，花早上开晚上凋谢，无香味。花期 6—8 月。

产地与习性: 原产我国南部地区，中性植物，喜光，耐半荫；性强健，耐寒，耐干旱，不择土壤，在深厚肥沃、湿润、排水好的砂质土壤上生长良好。

松果菊　*Echinacea purpurea* (L.) Moench

别名：紫松果菊　紫锥花　　**科属：**菊科·松果菊属

形态：多年生草本植物。高 50~150cm，全株有粗毛，茎直立；叶缘具锯齿，基生叶卵形或三角形，茎生叶卵状披针形，叶柄基部略抱茎；头状花序，单生或多数聚生于枝顶，花大，铜黄、浅褐、紫红或淡粉色，花的中心部位凸起，呈球形，球上为管状花，外围为舌状花；种子浅褐色，外皮硬。花期 6—7 月。

产地与习性：原产北美洲，多年生宿根花卉。中性植物，喜光，稍耐荫；喜温暖气候，亦耐寒；宜深厚肥沃、富含腐殖质的土壤。

蜀葵　*Althaea rosea* Linnaeus

别名：一丈红　熟季花　　**科属：**锦葵科·蜀葵属

形态：多年生宿根花卉。高达 2m，茎枝密被刺毛；叶近圆心形，掌状 5~7 浅裂或波状棱角，裂片三角形或圆形；花腋生，单生或近簇生，紫红、粉红或粉白色，排列成总状花序式，具叶状苞片。花期 5—7 月。

产地与习性：原产我国，现世界各地均有栽培。中性植物，喜光，耐半荫；耐寒，喜冷凉气候；宜肥沃、深厚的土壤，忌盐碱和水涝；具自播自繁特性，在疏荫环境下生长最强壮。

紫茉莉 *Mirabilis jalapa* L.

别名： 晚晚花 夜顶红 地雷花　　**科属：** 紫茉莉科·紫茉莉属

形态： 宿根花卉，常作一年生栽培。高可达1m，根肥粗，倒圆锥形，黑色或黑褐色；茎直立，圆柱形，多分枝，无毛或疏生细柔毛，节稍膨大；叶片卵形或卵状三角形，全缘，两面均无毛，脉隆起；花常数朵簇生枝端，有紫红、桃红、黄、白等色；瘦果球形，直径5~8mm，革质，黑色，表面具皱纹；种子胚乳白粉质。花期6—10月。

产地与习性： 原产南美热带地区。中性植物，喜光，耐半荫；喜温和湿润的气候，不耐寒，在江南地区地下部分可安全越冬而成为宿根草本；要求土层深厚、疏松肥沃的土壤。

4.3　多年生球根花卉

美人蕉　*Canna indica* L.

别名: 红艳蕉　兰蕉　　**科属:** 美人蕉科·美人蕉属

形态: 多年生草本植物。全株绿色无毛，被蜡质白粉；具块状根茎，地上枝丛生；单叶互生，具鞘状的叶柄；叶片长圆形或卵状长圆形，叶面绿色，边绿或背面紫色；总状花序，花单生或对生，有红、粉、橙、黄等色；蒴果，长卵形。花期6—10月。

产地与习性: 原产美洲热带和印度，现我国各地普遍栽培应用。栽培品种很多，主要分为绿叶栽培变种和紫叶栽培变种两大类。中性植物，喜阳光充足、通风良好环境；喜高温炎热，不耐寒，遇霜即枯萎；喜肥沃、湿润的深厚土壤；在原产地无休眠性。

芭蕉　*Musa basjoo* Sieb. et Zucc.

别名: 巨叶蕉　　**科属:** 芭蕉科·芭蕉属

形态: 多年生草本植物。植株高可达4m；叶片长圆形，先端钝，叶面鲜绿色，有光泽，叶柄粗壮；花序顶生，黄色，下垂；浆果三棱状，长圆形，具棱，近无柄，肉质，内具多数种子；种子黑色，具疣突及不规则棱角。观叶期3—11月，花期5—7月。

产地与习性: 原产印度及我国华南地区。球茎大，分生能力强，叶子大而宽。中性植物，喜光，耐半荫；喜温暖气候，耐寒力弱；适应性较强，生长速度快。

大丽菊 *Dahlia pinnata* Cav.

别名： 大丽花 西番莲　**科属：** 菊科·大丽花属

形态： 多年生草本。有巨大棒状块根，茎直立，多分枝，高1.5~2m，粗壮；叶1~3回羽状全裂，上部叶有时不分裂，裂片卵形或长圆状卵形，下面灰绿色，两面无毛；头状花序大，有长花序梗，常下垂，有红、粉、黄、橙、白等色及复色；瘦果长圆形，黑色，扁平，有2个不明显的齿。花期6—10月。

产地与习性： 原产墨西哥。中性植物，喜光，稍耐荫；喜高燥、凉爽气候，要求阳光充足、通风良好，不耐寒，忌暑热；宜富含腐殖质、排水良好的砂质土壤，忌积水。

郁金香 *Tulipa gesneriana* L.

别名： 洋荷花 草麝香　**科属：** 百合科·郁金香属

形态： 多年生草本植物。具鳞茎，叶3~5枚，条状披针形至卵状披针形；花单朵顶生，大型而艳丽，长5~7cm，宽2~4cm，6枚雄蕊等长，花丝无毛，无花柱，柱头增大呈鸡冠状，花色有紫、红、粉、黄、橙、复色。花期3—5月。

产地与习性： 原产地中海沿岸及中亚地区。中性植物，喜光，稍耐荫；适应性强，极耐寒，能生长于夏季干热、冬季严寒的环境；在疏松肥沃、排水良好的微酸性砂质壤土中生长良好。

花毛茛　*Ranunculus asiaticus* L.

别名：芹菜花　波斯毛茛　草本牡丹　　**科属：**毛茛科·毛茛属

形态：多年宿根草本花卉。株高 20~40cm；茎单生，或少数分枝，有毛；基生叶阔卵形，具长柄，茎生叶无柄，为 2 回 3 出羽状复叶；花单生或数朵顶生，花径 3~4cm，有红、粉、黄、橙等色。花期 5—7 月。

产地与习性：原产欧洲东南部。中性植物，喜半荫环境，夏季忌酷热及阳光直射；喜凉爽、湿润，既怕干燥又忌水涝，宜种植于排水良好、肥沃疏松的中性或偏碱性土壤。

石蒜　*Lycoris radiata* (L'Her.) Herb.

别名：蟑螂花　老鸦蒜　　**科属：**石蒜科·石蒜属

形态：鳞茎近球形，直径 1~3cm。秋季出叶，叶狭带状，长约 15cm，宽约 0.5cm，顶端钝，深绿色，中间有粉绿色带；花茎高约 30cm；总苞片 2 枚，披针形，长约 3.5cm，宽约 0.5cm；伞形花序有花 4~7 朵，有鲜红、粉红、黄、白等色。花期 7—9 月。

产地与习性：原产我国长江流域及西南地区，日本也有分布。阴性，喜半荫和湿润环境；适应性强，喜温暖，亦耐寒；宜疏松肥沃、排水良好的砂质或石灰质壤土。

朱顶红 *Hippeastrum rutilum* (Ker-Gawl.) Herb.

别名：百枝莲 柱顶红 孤挺花　**科属：**石蒜科·朱顶红属

形态：鳞茎近球形，并有匍匐枝。叶 6~8 枚，花后抽出，鲜绿色，带形；花茎中空，稍扁，具有白粉；花 2~6 朵，有红、粉等色及复色。花期 5—6 月。

产地与习性：原产巴西，现各国均广泛栽培。中性植物，喜光，稍耐荫；要求阳光充足、通风良好，喜高燥、凉爽气候，耐寒性差；宜生长于富含腐殖质、排水良好的砂质土壤，忌积水。

4.4　多年生常绿草本

麦冬草　*Ophiopogon japonicus* (L. f.) Ker-Gawl.

别名：沿阶草　书带草　**科属：**天门冬科·沿阶草属

形态：根纤细，近末端处有时具膨大成纺锤形的小块根；地下走茎长，直径1~2mm，节上具膜质的鞘，茎很短；叶基生成丛，禾叶状，长20~40cm，宽2~4mm，先端渐尖，具3~5条脉，边缘具细锯齿；花期6—7月，蓝紫色。

产地与习性：原产我国华东地区，原为野生，现各地普遍栽培。阴性植物，喜温暖湿润、较荫蔽的环境；耐寒，忌强光和高温；适应性强，对土壤要求不严，既耐干旱又耐水湿。

金边阔叶麦冬　*Liriope muscari* 'Variegata'

别名：金边阔叶山麦冬　**科属：**天门冬科·沿阶草属

形态：多年生常绿草本。根状茎粗短，无地下走茎，根细长，具膨大呈椭圆形或纺锤形的小块根；叶基生，无柄，叶片宽线形，膜质，长40~50cm，宽1~2cm，两侧具金黄色边条，脉间有明显凹凸；种子近圆球形，核果状，成熟时黑色。花期6—7月，蓝紫色。

产地与习性：原产我国北方地区。中性植物，喜光，亦耐荫；适应性强，耐寒性、耐热性均好；喜肥沃、湿润的土壤和半荫的环境，耐湿，耐旱。

吉祥草 *Reineckea carnea* (Andrews) Kunth

别名： 观音草 玉带草 松寿兰　　**科属：** 天门冬科·吉祥草属

形态： 匍匐根状茎圆柱形，绿白色，分枝长约 10cm，多节，节间长 1~2cm，节上有膜质鳞叶 1 枚，鳞叶与节间近等长；叶簇生根状茎末端；穗状花序长 2~7cm，花芳香，粉红色，花密，10~20 朵。浆果紫红色，熟时鲜红色。花期 6—7 月。

产地与习性： 原产我国江南区西南地区。阴性，忌阳光直射，极耐荫，喜温暖湿润的环境；耐寒性一般，在冬天可见叶边缘或尖部枯黄现象；对土壤要求不高，适应性强，但不耐干旱。

韭兰 *Zephyranthes carinata* Herbert

别名： 韭莲 风雨兰　　**科属：** 石蒜科·葱莲属

形态： 多年生常绿草本。鳞茎卵球形，直径 2~3cm；基生叶常数枚簇生，线形，扁平；花单生于花茎顶端，粉红或玫瑰红，下有佛焰苞状总苞；蒴果近球形；种子黑色。花期 8—10 月。

产地与习性： 原产南美洲。中性植物，喜光，耐半荫和低湿环境；喜温暖湿润气候，亦较耐寒，在长江流域可保持常绿；宜疏松肥沃、排水良好的土壤。

玉簪　*Hosta plantaginea* (Lam.) Aschers.

别名： 紫萼　玉春棒　　**科属：** 天门冬科·玉簪属

形态： 根状茎粗厚，粗1.5~3cm；叶卵状心形、卵形或卵圆形，先端近渐尖，基部心形，具6~10对侧脉；花葶高40~80cm，具几朵至十几朵花，花淡紫或乳白色；花的外苞片卵形或披针形；蒴果圆柱状，有三棱，长约6cm，直径约1cm。花期5—6月。

产地与习性： 原产我国长江流域以南地区。中性植物，喜光，耐半荫，忌阳光直射；性强健，耐寒，不择土壤，但在肥沃湿润、排水良好的土壤生长茂盛。

白花三叶草　*Trifolium repens* L.

别名： 白车轴草　　**科属：** 豆科·车轴草属

形态： 多年生草本。具根状茎，丛生，暖季型；开展度与株高相同，叶片呈拱形向地面弯曲，最后呈喷泉状，叶片长60~90cm，浅绿色，有奶白色条纹，条纹与叶片等长；圆锥花序，花冠白、乳黄或淡红色，具香气，花序高于植株20~60cm。花期4—5月。

产地与习性： 原产欧洲南部。中性植物，喜光，亦耐荫；适应性强，耐热，耐旱，耐寒，耐霜，耐践踏；喜排水良好的粉砂壤土或黏壤土，不耐盐碱。

葱兰 *Zephyranthes candida* (Lindl.) Herb.

别名： 葱莲 玉帘 白花菖蒲莲   **科属：** 石蒜科·葱莲属

形态： 多年生常绿草本。鳞茎卵形，直径约2.5cm，具有明显的颈部，颈长2.5~5cm；叶狭线形，肥厚，亮绿色；花茎中空；花单生于花茎顶端，白色，外面稍带淡红色，下有带褐红色的佛焰苞状总苞；蒴果近球形，3瓣开裂；种子黑色，扁平。花期8—10月。

产地与习性： 原产南美洲。中性植物，喜光，稍耐荫；喜温暖湿润气候，亦较耐寒；适应性强，耐干旱瘠薄，但以肥沃、带黏性而排水良好的土壤为佳。

红花酢浆草 *Oxalis corymbosa* DC.

别名： 三叶草 夜合梅 大叶酢浆草   **科属：** 酢浆草科·酢浆草属

形态： 多年生直立草本。无地上茎，有地下球状鳞茎，鳞片膜质，褐色；叶基生，叶柄被毛，小叶片扁圆状倒心形，顶端凹缺，两侧角圆，背面浅绿色，托叶长圆形，顶部狭尖；总花梗基生，二歧聚伞花序，小花红色或紫红色，花梗、苞片、萼片均被毛。花期4—10月。

产地与习性： 原产美洲。中性植物，喜光，耐半荫；喜温暖湿润的环境，较耐旱，忌积水；土壤适应性强，但宜生长于富含腐殖质、排水良好的土壤。

紫叶酢浆草　*Oxalis triangularis 'Urpurea'*

别名：红叶酢浆草　三角叶酢浆草　　**科属：**酢浆草科·酢浆草属

形态：多年生草本植物。具球根，株高可达 30cm，鳞茎会不断增生；叶丛生于基部，全部为根生叶，掌状复叶，叶片颜色为艳丽的紫红色，部分品种的叶片内侧还镶嵌有如蝴蝶般的紫黑色斑块；伞形花序，花冠淡紫色或白色，端部呈淡粉色。观叶期3—11月，花期4—10月。

产地与习性：原产南美洲巴西。中性植物，喜光，耐半荫；喜温暖湿润、通风良好的环境，亦较耐寒；宜生长于富含腐殖质、排水良好的砂质土壤，耐干旱；生长迅速，覆盖地面快。

金心吊兰　*Chlorophytum comosum 'medio-pictum'*

别名：大叶吊兰　　**科属：**天门冬科·吊兰属

形态：叶片呈宽线形，嫩绿色，着生于短茎上；具有肥大的圆柱状肉质根；总状花序，弯曲下垂，小花白色；叶中心金黄色，边缘绿色，常在花茎上生出数丛由株芽形成的带根的小植株。

产地与习性：原产南非。性喜温暖，不耐寒，喜半荫、湿润环境；要求疏松、肥沃、排水良好的土壤。

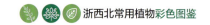

紫鸭跖草 *Tradescantia pallida* (Rose) D. R. Hunt

别名：紫露草 紫叶草　　**科属：**鸭跖草科·紫露草属

形态：多年生草本。成株植株紫色，草高 20~50cm；茎多分枝，带肉质，紫红色，下部匍匐状，节上常生须根，节和节间区分明显，斜升；叶无柄，单叶互生，紫红色；聚伞花序顶生或腋生，花桃红色；果实和种子蒴果椭圆形，有 3 条隆起棱线，种子呈棱状半圆形，淡棕色。花期 6—10 月。

产地与习性：原产墨西哥。中性植物，喜日照充足，亦耐半荫；性强健，耐寒，在华北地区可露地越冬；对土壤要求不严，耐干旱。

4.5　多年生草坪草

结缕草　*Zoysia japonica* Steud.

别名：大爬根 延地青　**科属：**禾本科·结缕草属

产地与习性：原产我国、日本及朝鲜，在我国主要分布于东北、华北、华东地区。多年生暖地型草坪草，具有发达的根茎和匍匐茎。中性植物，喜光，耐半荫，耐热且非常耐寒；对土壤适应性强，耐旱、耐湿、耐盐碱；生长缓慢，耐修剪，耐践踏；冬季保绿期长。

马尼拉　*Zoysia matrella* (L.) Merr.

别名：沟叶结缕草　**科属：**禾本科·结缕草属

产地与习性：原产大洋洲热带和亚热带地区，我国首先引种于海南、广东、台湾，现经驯化已广植于天津、青岛以南地区。多年生暖地型草坪草，具发达的根茎，叶色比结缕草更为青绿。中性植物，喜光，耐半荫，耐热，稍耐寒；对土壤适应性强，抗干旱瘠薄，耐湿，耐盐；生长势与扩展性强，草层茂密，覆盖度大；耐修剪，耐践踏。

狗牙根　*Cynodon dactylon* (L.) Pers.

别名: 爬根草 拌根草　　**科属:** 禾本科·狗牙根属

产地与习性: 世界广布草种,在我国主要分布于黄河流域以南地区。多年生暖地型草坪草,具有根状茎和匍匐枝。阳性植物,喜光,忌荫蔽;耐热、耐旱性强,耐寒性中等;对土壤适应性强,耐盐碱;生长较快,十分耐修剪、耐践踏。

高羊茅　*Festuca elata* Keng ex E. B. Alexeev

别名: 苇状羊茅 苇状狐茅　　**科属:** 禾本科·羊茅属

产地与习性: 主产欧亚大陆及我国新疆和东北地区,目前园林应用品种均引自美欧等地。多年生冷地型草坪草,中性植物,喜光,中等耐荫;喜温凉湿润气候,耐热,耐寒,耐瘠薄,抗病性强,耐践踏性中等。适宜于温暖湿润的中亚热带至中温带地区栽种,在长江流域可以保持四季常绿。

矮生百慕大　*Cynodon dactylon × C.transadlensis*

别名： 果岭草　杂交狗牙根　天堂草　　**科属：** 禾本科·狗牙根属

产地与习性： 近年国外人工培育的杂交草种，多年生暖地型草坪草。具匍匐茎，节间短，细矮致密，贴地生长。阳性植物，喜光，不耐荫；耐寒、耐旱、病虫害少；生长势强，耐频繁割剪，践踏后易于复苏。绿色观赏期约有 280 天；秋季松土播入种子，冬季仍能保持绿色。

第五篇
·

观赏竹类

　　观赏竹类是指在禾本科竹亚科竹类植物中，其茎秆、叶色等形态比较奇异，具有可供人们观赏和较高经济价值的观赏植物。竹类植物根据地下茎的生长情况，可分为单轴散生型（如毛竹、紫竹、早园竹等）、合轴丛生型（如佛肚竹、孝顺竹）和复轴混合型（如箬竹等）。观赏竹类是构成中国园林景观的重要元素。

毛竹 *Phyllostachys edulis* (Carriere) J. Houzeau

别名：楠竹 江南竹　　**科属：**禾本科·刚竹属

形态：大型地下茎单轴型散生竹。秆壁厚，秆箨厚革质，密生棕褐色毛及黑褐色斑点；新秆绿色，密被柔毛和白粉，老秆无毛，节下有白粉环；枝叶二列状排列，每小枝2~3叶，叶片披针形；春笋期3月下旬至4月，鞭笋6—8月，冬笋11月至次年1月；部分老竹能开花，穗状花序，每小穗2朵小花，颖果针状；花后老竹逐渐枯萎死亡。

习性：中性植物，喜光，稍耐荫；喜温暖湿润气候，亦较耐寒；在砂岩、页岩等厚层酸性土壤上生长良好，在过于干燥的沙荒石砾地、盐碱土或积水的洼地皆不适应；竹秆易遭雪压折断，宜在秋末钩梢防护。

分布：分布于秦岭、汉水流域至长江流域以南地区，是我国面积最大、分布最广的笋用与材用竹种。

应用：秆形粗大，高耸挺拔，姿态秀丽，顶梢常稍弯曲下垂，叶色四季翠绿，傲霜雪而不凋；竹林能净化空气、减弱噪声、调节温湿度，从而改善小气候；毛竹材加工用途广泛，鲜笋为上等蔬菜。宜植于曲径、池畔、坡地、庭园一隅，或在风景区大面积种植，形成幽静深邃景观。

刚竹 *Phyllostachys sulphurea* var. *viridis* R. A. Young

别名：胖竹 榉竹　　**科属：**禾本科·刚竹属

形态：中型地下茎单轴型散生竹。新秆绿色，无毛，微被白粉，老秆节下有白粉环；秆环不明显，箨环微隆起，节间在分枝一侧有纵沟；叶2~5枚生于小枝顶端，长椭圆状披针形；笋期4—5月，箨叶带状披针形，有橘红色边带。

习性：中性植物，喜光，稍耐荫；喜温暖湿润气候，亦耐寒，能耐-18℃低温；土壤适应性广，稍耐盐碱，但在黏重土生长较差，忌排水不良。

分布：分布于华北及长江流域以南地区，多生于平地缓坡。

应用：秆高而挺秀，叶常绿青翠，秆浅黄雅丽，可配植于建筑前后、山坡、水池边、草坪一角，或在居民新村、风景区种植绿化；也可筑台栽植，旁以假山石衬托，或配植松、梅，形成"岁寒三友"之景。

紫竹 *Phyllostachys nigra* (Lodd.) Munro

别名： 乌竹 黑竹　**科属：** 禾本科·刚竹属

形态： 中小型散生竹。幼秆绿色，一年生以后的秆会逐渐出现紫斑，最后全部变为紫黑色；箨片三角形至三角状披针形，绿色，脉为紫色，舟状；叶片质薄，叶翠绿，颇具特色；花枝呈短穗状。笋期4月下旬。

习性： 阳性植物，喜温暖湿润气候，耐寒，能耐-20℃低温，耐荫，忌积水，适合砂质排水性良好的土壤，对

气候适应性强；好光而喜凉爽，要求温暖湿润气候，年平均温度不低于15℃，在年降水量不少于800mm的地区都能生长。

分布： 原产我国，一般分布在海拔800m以下地区，南北各地多有栽培。

应用： 植于中式庭园，观赏价值高；可与黄槽竹、金镶玉竹、斑竹等秆具色彩的竹种同植于园中，增添色彩变化。为观秆色观赏竹种，是优良园林观赏竹种。种植时间以早春2月为宜，梅雨季如雨水充足也可种植。

茶秆竹 *Pseudosasa amabilis* (McClure) Keng f.

别名： 青篱竹 茶竿竹　**科属：** 禾本科·矢竹属

形态： 地下茎复轴型混生竹。秆直，多分枝，枝叶浓密；秆圆筒形，光滑，竹壁较坚韧且有弹力；新秆淡绿色，有白粉，1年后每节的半面渐变为茶褐气，且是每节交互色变的。笋期3—4月。

习性： 中性植物，喜光，稍耐荫；喜温暖湿润气候，耐寒性较差；对土壤要求不严，但喜酸性、肥沃和排水良好的砂壤土。

分布： 主产广东、广西、湖南等省，现引种至江苏南京、宜兴和浙江杭州、宁波一带，生长尚佳。

应用： 枝叶浓密，老秆色变素雅，为园林中优良观赏竹种。宜植于庭园角隅、亭榭叠石之间；也可用于农村四旁绿化。因其秆不易干裂、虫蛀，材质优良，可作花园竹篱、温室花卉支柱等，笋味清苦可口，消炎解毒，是苦笋系列中之珍品，极具开发前景。

青皮竹 *Bambusa textilis* McClure

别名: 四季竹　**科属:** 禾本科·簕竹属

形态: 地下茎合轴型丛生竹。秆高4~8m,直立,节间甚长,竹壁薄;近基部数节无芽,出枝较高,基部附近数节不见出枝,分枝密集丛生,叶片披针形;箨环倾斜;箨耳小,长椭圆形,箨舌略呈弧形,箨叶窄三角形,直立。发笋期5—9月。竹秆形态与孝顺竹相似,最明显的区别在于青皮竹的竹节上方有一白色毛环。

习性: 中性植物,喜光,稍耐荫;喜温暖湿润、通风良好的环境,有一定的耐寒力;喜深厚肥沃、排水良好的土壤;萌蘖力强,生长速度快。

分布: 主产华南及西南地区,现长江流域以南地区普遍栽培。

应用: 竹秆密集,枝稠叶茂,绿荫成趣,是长江流域至珠江流域主要的绿化竹种。宜栽植于房前屋后、草坪边或河岸旁;亦可配置于假山旁侧,竹石相映,素雅成趣。其竹秆通直,干后不易开裂,节平而疏,纤维坚韧,是优质篾用竹种之一。

孝顺竹 *Bambusa multiplex* (Lour.) Raeuschel ex J. A. et J. H. Schult.

别名: 凤凰竹　慈孝竹　蓬莱竹　**科属:** 禾本科·簕竹属

形态: 地下茎合轴型丛生竹。竹秆密集生长,幼秆微被白粉,节间圆柱形,上部有白色或棕色刚毛;秆绿色,老时变黄色,梢稍弯曲;枝条多数簇生于一节,叶片线状披针形或披针形,顶端渐尖,叶表面深绿色,叶背粉白色,叶质薄。

习性: 喜光,稍耐荫;喜温暖湿润环境,不甚耐寒;能露地栽培,但冬天叶枯黄;喜深厚肥沃、排水良好的土壤。丛生竹中适应性最强、分布最广的竹种。

分布: 原产我国,主产广东、广西、福建以及西南等地。多生在山谷间、小河旁,长江流域及以南栽培能正常生长。

应用: 竹秆丛生,四季青翠,姿态秀美,宜于宅院、草坪角隅、建筑物前或河岸种植。若配置于假山旁侧,则竹石相映,更富情趣。种植时间以早春2月为宜,梅雨季如雨水充足,亦可种植。

凤尾竹　*Bambusa multiplex f. fernleaf* (R. A. Young) T. P. Yi

科属： 禾本科·簕竹属

形态： 灌木型丛生竹，孝顺竹的变种。植株较高大，秆中空，小枝尾梢近直或略弯，下部挺直，绿色；叶片线形，基部近圆形或宽楔形。

习性： 喜温暖湿润和半荫环境，耐寒性稍差，不耐强光曝晒；怕渍水，宜肥沃、疏松和排水良好的土壤，冬季温度不低于0℃。

分布： 原产我国，现我国南部各省份均有栽培。

应用： 枝秆低矮稠密，枝叶纤细，姿态秀美，宜丛植于庭园宅旁、公园路边或池旁，也可与假山、叠石配植；可自然生长或修剪成球形或盆栽观赏。

佛肚竹　*Bambusa ventricosa* McClure

别名： 罗汉竹　**科属：** 禾本科·簕竹属

形态： 地下茎合轴型丛生竹，多为灌木状。秆二型，正常秆圆筒形，基部不膨大；畸形秆通常肿胀似瓶状，节间短缩而膨胀，形如佛肚，故而得名；中间型秆，稍弯曲，节间短棒状；秆幼时深绿色，稍被白粉，老秆橄榄黄色；枝疏生，主枝粗，稍弯曲；叶片卵状披针形，背面被柔毛。笋期5—6月。

习性： 中性植物，喜光，稍耐荫；喜温暖湿润气候，抗寒力较差，只能耐轻霜及0℃左右低温；喜肥沃湿润的酸性土，不耐干旱，稍耐水湿，氮肥不宜施用过多。

分布： 原产我国华南地区，长江流域以南各地有栽培，北方地区则多盆栽。

应用： 秆形奇特，古朴典雅，在园林中自成一景。适于庭园、公园、水滨等处种植，与假山、崖石等配置更显优雅；也可盆栽或制作盆景观赏。移栽母竹宜在11月或2—3月进行。

早园竹 *Phyllostachys propinqua* McClure

别名：早竹 雷竹　**科属：**禾本科·刚竹属

形态：中小型散生竹。新秆深绿色，节紫褐色；箨鞘背面淡红褐色或黄褐色，箨片披针形或线状披针形，绿色，背面带紫褐色，平直，外翻；叶片披针形或带状披针形。笋期4月上旬开始，出笋持续时间较长。

习性：喜温暖湿润气候，耐旱力、抗寒性强，能耐短期−20℃低温；适应性强，轻碱地、沙土及低洼地均能生长；适宜在年平均温度15~17℃、最低温度−13℃、年降水1200mm以上的地方生长。

分布：主要分布于河南、江苏、安徽、浙江、贵州、广西、湖北等省份，浙江广有栽培。

应用：秆高叶茂，生长强壮，具出笋早、产量高，周期短、见效快，成本低、效益好的特点，在园林上应用广泛，也是山区林农重要的经济作物。种植时间以早春2月为宜，梅雨季如雨水充足，也可种植。

箬竹 *Indocalamus tessellatus* (Munro) Keng f.

别名：楣竹　**科属：**禾本科·箬竹属

形态：地下茎复轴混合型丛生竹。秆绿色，下部者较窄，上部者稍宽；小枝2~4叶；叶鞘紧密抱秆，无叶耳；叶截形，叶片在成长植株上稍下弯，宽披针形或长圆状披针形，先端长尖，基部楔形；未成熟者圆锥花序，小穗绿色带紫，花药黄色。4—5月笋期，6—7月开花。

习性：阳性竹类，喜温暖湿润气候，耐寒性较差；宜生长于疏松、排水良好的酸性土壤，所以要求深厚肥沃、疏松透气、微酸至中性土壤。

分布：自然分布于浙西北山区的山坡、溪谷等地。

应用：园林中应用于地被绿化材料，以及河边护岸和公园绿化。

菲白竹　*Pleioblastus fortunei* (v. Houtte) Nakai

别名： 翠竹　**科属：** 禾本科·苦竹属

形态： 丛生状低矮地被竹。秆高 30~50cm，每节秆具 2 至数分枝，节间无毛；叶片狭披针形，叶片底色绿色，间有白色或乳白色纵条纹，菲白竹即由此得名；叶鞘淡绿色，一侧边缘有明显纤毛，鞘口有数条白缘毛。笋期 4—5 月。

同属栽培种：

菲黄竹（*Pleioblastus viridistriatus* (Regel) Makino）：丛生状低矮地被竹，新叶黄色，具绿色纵条纹，老叶渐变为绿色，其他特征与菲白竹相似。

习性： 中性植物，喜光，耐半荫，忌烈日暴晒；喜温暖湿润气候，抗寒力较差；要求向阳避风环境，喜肥沃疏松、排水良好的砂质土壤；地下茎萌发力强。

分布： 原产日本，现我国华东地区有露地栽培，北方地区则多盆栽。

应用： 菲白竹和菲黄竹植株低矮，枝叶茂密，叶片秀美，在园林绿化中可用作彩叶地被、色块、绿篱或与假石相配，皆很合宜；也可盆栽或制作盆景，端庄秀丽，在案头、茶几上摆放别具雅趣。菲白竹是观赏竹类中不可多得的珍贵品种。

斑竹　*Phyllostachys reticulata* 'Lacrima-deae'

别名： 湘妃竹　**科属：** 禾本科·刚竹属

形态： 中小型散生竹。秆具紫褐色斑块与斑点，分枝亦有紫褐色斑点，如泪状斑点或斑块，故名斑竹；节间鲜绿色，圆筒形，在具芽的一侧有狭长的纵沟，秆环及箨环均甚隆起；主枝三棱形或四方形，叶鞘棕黄色，叶片长椭圆状披针形。一年两次发笋，第一次 4—5 月，笋出在母竹周围；第二次 9 月以后，笋出在母竹中间。

习性： 喜温、喜阳、喜肥、喜湿、怕风不耐寒，静水及水流缓慢的水域中均可生长，适宜在 20cm 以下的浅水中生长，适宜温度 15~30℃，越冬温度不宜低于

5℃。生长迅速，繁殖能力强，条件适宜的前提下，可在短时间内覆盖大片水域。

分布： 原生分布于湖南九嶷山区，目前浙江西北地区有栽培。

应用： 著名观赏竹，秆用于制作工艺品及材用，价格昂贵。种植时间以早春 2月为宜，梅季如雨水充足，也可种植。

黄杆乌哺鸡竹 *Phyllostachys vivax 'Aureocanlis'*

别名：黄竿乌哺鸡竹　**科属**：禾本科·刚竹属

形态：中小型散生竹。竹竿金黄色，并不规则间有粗细不等的深绿色条纹，色泽鲜艳；箨鞘密被稠密的烟色云斑，无箨耳及鞘口遂毛；箨舌短而中部强拱起，两侧显著下延，箨叶细长，前半部强烈皱折；竹叶较长大而呈簇状下垂，叶浓密青翠，外观醒目。发笋旺盛，笋期4月下旬。与原栽培型（乌哺鸡竹）的区别在于秆全部为硫黄色，并在秆的中、下部偶有几个节间具1或数条绿色纵条纹。

习性：喜肥，喜光，较耐寒；喜湿润疏松砂质的土壤，在微碱性土中也可生长。

分布：主要分布于河南，为河南永城特产，江苏、浙江等地常见栽培。

应用：集绿化、美化、食用于一身，是极有发展前途的观赏、经济竹种，适于各种园林造园、盆栽以及成片竹园营造。种植时间以早春2月为宜，梅雨季如雨水充足，也可种植。

金镶玉竹 *Phyllostachys aureosulcata 'Spectabilis'*

别名：金镶碧嵌竹　**科属**：禾本科·刚竹属

形态：小型散生竹。金镶玉竹为竹中珍品，其珍奇处在嫩黄色的竹竿上，于每节生枝叶处都天生有一道碧绿色的浅沟，位置节节交错，根根金条上镶嵌着块块碧玉，清雅可爱。新竹新竿为嫩黄色，后渐为金黄色，各节间有绿色纵纹，有的竹鞭也有绿色条纹，叶绿，少数叶有黄白色彩条。笋期四月下旬到五月上旬。

　　黄杆乌哺鸡竹与金镶玉竹外形极为相似，其区别在于：一是金镶玉竹杆型小于黄杆乌哺鸡竹；二是小枝前者侧上方整齐开展，后者往往平展或稍往下方侧展；三是前者为规则的镶玉条纹，后者则偶有镶玉且不规则。

　　金镶玉竹与黄金间碧玉竹外形也极为相似，区别在于：金镶玉竹竿高4~10m，直径2~5cm，新竹新竿为嫩黄色，后渐为金黄色，各节间有规则绿色纵纹；黄金间碧竹的竿高8~15m，直径5~9cm，竿黄色，节间正常，具宽

窄不等的绿色纵条纹，箨鞘在新鲜时为绿色而具宽窄不等的黄色纵条纹，叶片窄被针形，两表面均无毛。

习性：发鞭、出笋力强，适应性强，种植易成林块。多采用母竹移植法栽植，用埋鞭育苗也极为容易。能耐-20℃低温。宜栽植在背风向阳处，喜空气湿度较大的环境。

分布：主要分布于北京、江苏、浙江等地，浙江广泛栽培应用于园林。

应用：秆色泽美丽，栽培供观赏。早春2月是最佳的种植季节，此外每年的10月至翌年3月、梅雨季的6月都是造林的好季节。

黄金间碧玉竹 *Bambusa vulgaris f. vittata* (Riviere & C. Riviere) T. P. Yi

别名： 金明竹　绿槽刚竹　**科属：** 禾本科·簕竹属

形态： 散生竹。桂竹的变种，比原种矮小。秆与主枝呈金黄色，分枝一侧具绿色的纵槽或数条绿色纵纹；箨鞘淡黄绿色或淡紫色，疏生紫色细小斑点；箨耳发达，镰刀形，紫褐色；箨舌宽短，弧形，有波状齿，被白色纤毛。笋期4—5月。

同属栽培变种：

碧玉间黄金竹（*Bambusa Schrader* ex Wendland cv. Vittata）：又名银明竹、黄槽刚竹，竹秆翠绿，在分枝一侧具黄色的纵槽或数条黄色纵纹。

习性： 中性植物，喜光，稍耐荫；适应性强，耐寒，喜疏松肥沃而排水良好的土壤，不耐黏重土质；竹鞭浅根性，忌水淹。

分布： 原产于我国，分布于华北以南地区，尤以江苏、浙江最为常见。

应用： 黄金间碧玉竹和碧玉间黄金竹之秆黄绿相间，各具韵彩，观赏价值高。多群植于园中角落、水边池旁或植于山石之间，也可盆栽制作盆景。

第六篇

水生植物

　　水生植物是指那些具有很发达的通气组织，在它生命里全部或大部分时间都生活在水中，并且能够顺利繁殖下一代的植物。根据生活方式与形态的不同，水生植物可分为挺水型水生植物（如荷花、菖蒲、再力花、芦苇等）和浮叶型水生植物（如睡莲、王莲等）。

荷花 *Nelumbo nucifera* Gaertn.

别名：莲 水芙蓉　**科属：**莲科·莲属

形态：多年生挺水草本花卉。地下茎长而肥厚，有长节；叶大，盾状圆形，全缘；花单生于花梗顶端，花瓣多数，嵌生在花托穴内，有红、粉红、白、紫等色，或有彩纹、镶边；坚果椭圆形，种子卵形。花期6—8月，果期9—10月。

习性：水生植物，喜相对稳定的平静浅水、湖沼、泽地、池塘；生育期需要全光照的环境，荷花极不耐荫，在半荫处生长就会表现出强烈的趋光性。

分布：主要分布于亚热带和温带地区，我国大部分地区（除西藏自治区和青海省）都有分布，垂直分布可高达海拔2000m。

应用：其"出污泥而不染"之品格恒为世人称颂。荷花全身皆宝，藕和莲子能食用，莲子、根茎、藕节、荷叶、花及种子的胚芽等可入药。荷花品种资源丰富，传统品种有200个以上，依用途不同可分为藕莲、子莲和花莲三大系统。3月中旬至4月中旬是翻盆栽藕的最佳时期。

睡莲 *Nymphaea tetragona* Georgi

别名：水百合 子午莲　**科属：**睡莲科·睡莲属

形态：宿根浮叶型草本植物。根状茎粗短，具黑色细花，横生于淤泥中；叶丛生，卵圆形，全缘，具细长叶柄、浮于水面；叶面深绿色，有光泽；花期5—7月，花单生于细长的花梗顶端，浮于或高于水面；花瓣多数，花色有红、粉红、黄、白、蓝等，白天开放，夜间闭合。果期9—10月，聚合果球形，种子多数，椭圆形，黑色。

习性：阳性植物，喜光，不耐荫；喜温暖湿润气候，亦耐寒；喜阳光充足和通风良好的环境，在蔽荫之处长势较弱，不易开花；对土壤要求不严，但喜富含有机质的黏土；植株正常生长需水深为20~40cm。

分布：原产美洲和亚洲东部，我国各地多有栽培。

应用：叶浮水面，圆润青翠、花色丰富、绚丽多彩，为花叶俱美的水生观赏植物。适宜于布置成水景园或盆栽供观赏，亦可剪取花枝用于插花，全株可入药，根状茎、种子含淀粉，可供食用或酿酒。

王莲　*Victoria amazonica* (Poepp.) Sowerby

别名： 水浮莲 子午莲　　**科属：** 睡莲科·王莲属

形态： 多年生或一年生大型浮叶草本。拥有巨型奇特似盘的叶片，浮于水面，十分壮观，并以娇容多变的花色和浓厚的香味闻名于世；夏季开花，单生，浮于水面，初为白色，次日变为深红而枯萎。其叶脉成肋条状，似伞架，具有很大的浮力，最多可承受六七十千克重的物体而不下沉。

习性： 典型的热带植物，喜高温高湿，耐寒力极差；气温下降到 20℃时，生长停滞，气温下降到 14℃ 左右时，有冷害，气温下降到 8℃左右，受寒死亡。

分布： 原产南美洲的阿根廷东北部、玻利维亚、巴西北部和中西部等地，自生于河湾、湖畔水域。我国从 20 世纪 50 年代开始相继从世界引种，在中国科学院植物研究所、北京植物园、西安植物园三种王莲夏天相继开放。

应用： 现代园林水景中必不可少的观赏植物，既具很高的观赏价值，又能净化水体。与荷花、睡莲等水生植物搭配布置，可形成完美、独特的水体景观，家庭中的小型水池同样可以配植，大型单株具多个叶盘，孤植于小水体效果好。

凤眼莲　*Eichhornia crassipes* (Mart.) Solme

别名： 水葫芦 凤眼蓝 水浮莲　　**科属：** 雨久花科·凤眼莲属

形态： 浮水草本。须根发达，棕黑色；茎极短，具长匍匐枝，匍匐枝淡绿色或带紫色，与母株分离后长成新植株；叶在基部丛生，莲座状排列；花葶从叶柄基部的鞘状苞片腋内伸出，多棱；穗状花序，花被裂片 6 枚，花瓣状，卵形、长圆形或倒卵形，紫蓝色，花冠略两侧对称；蒴果卵形。花期 7—10 月，果期 8—11 月。

习性： 喜温暖湿润、阳光充足的环境，适应性很强，具有一定耐寒性；喜生于浅水中，在流速不大的水体中也能够生长，随水漂流，繁殖迅速。开花后，花茎弯入水中生长，子房在水中发育膨大。

分布： 原产巴西；广泛分布于我国长江、黄河流域及华南各地。生于海拔 200~1500m 的水塘、沟渠及稻田中。

应用： 凤眼莲曾一度被很多国家引进，广泛分布于世界各地，亦被列入世界百大外来入侵种之一。全草为家畜、家禽饲料，嫩叶及叶柄可作蔬菜；全株也可供药用，有清凉解毒、除湿祛风热和外敷热疮等功效。

再力花 *Thalia dealbata* Fraser

别名： 水竹芋 水莲蕉 塔利亚　**科属：** 竹芋科·水竹芋属

形态： 多年生挺水草本植物。叶卵状披针形；复总状花序，花小，紫堇色；全株附有白粉；茎端开出紫色花朵，像系在钓竿上的鱼饵。

习性： 喜温暖水湿、阳光充足环境，不耐寒冷和干旱，耐半荫，在微碱性的土壤中生长良好。以根状茎在泥里越冬。

分布： 原产美国南部和墨西哥热带地区；主要生长于河流、池塘、湖泊、沼泽以及滨海滩涂等水湿低地，适生于缓流和静水水域。

应用： 有净化水质的作用，常成片种植于水池或湿地，也可盆栽供观赏或种植于庭园水体景观中。再力花入侵风险主要表现在侵占力强、繁殖速度快、具化感作用、根除难度大，水域造景应用时可以采用地下硬质材料隔离。开放性环境种植应定期跟踪和监控，挖出的根茎应在太阳下暴晒至干死。如传入水田、藕塘等生产区域，应及时拔除并清除根茎，然后暴晒。

千屈菜 *Lythrun salicaria* Linn.

别名： 水柳　**科属：** 千屈菜科·千屈菜属

形态： 多年生挺水型草本。根茎横卧于地下，粗壮；茎直立，多分枝，高 30~100cm；株丛整齐，耸立而清秀；夏秋开花，花朵繁茂，花色鲜丽醒目，花期长。

习性： 喜强光，耐寒性强，喜水湿，对土壤要求不严，在深厚、富含腐殖质的土壤上生长更好。

分布： 我国各地均有栽种，生于河岸、湖畔、溪沟边和潮湿草地。华北、华东常栽培，是水景中优良的竖线条材料。

应用： 为药食兼用野生植物，株丛整齐，耸立而清秀，花朵繁茂，花序长，花期长，是优秀的水景观素材，最宜在浅水岸边丛植或池中栽植，也可作花境材料及切花。

黄菖蒲　*Iris pseudacorus* L.

别名: 黄花鸢尾　**科属:** 鸢尾科·鸢尾属

形态: 多年生宿根挺水或湿生草本植物。植株高大,根茎短粗;叶子茂密,基生,绿色,剑形,中肋明显,并具横向网状脉;花茎稍高出于叶,垂瓣上部长椭圆形,基部近等宽,具褐色斑纹或无,花瓣淡黄色;蒴果长形,内有种子多数,种子褐色,有棱角。花期5—6月。

同属栽培品种:

花菖蒲(*Iris ensata* var. *hortensis* Makino Nemoto):叶宽条形,中脉明显而突出;花茎高约1m;苞片近革质,脉平行,明显而突出,顶端钝或短渐尖;花的颜色由白色至暗紫色,斑点及花纹变化甚大,单瓣以至重瓣。花期6—7月,果期8—9月。

习性: 中性植物,喜光耐半荫;适应性强,耐湿亦耐旱,砂壤土及黏土都能生长;生长适温15~30℃,温度降至10℃以下停止生长;冬季地上部分枯死,根茎地下越冬。

分布: 原产南欧、西亚及北非,现世界各地都有引种栽培。

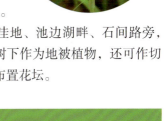

应用: 春季叶片青翠,似剑若带,黄花大而美丽,别具雅趣。可栽植于水湿洼地、池边湖畔、石间路旁,也可植于林荫树下作为地被植物,还可作切花材料或盆栽布置花坛。

鸢尾　*Iris tectorum* Maxim.

别名: 紫蝴蝶　**科属:** 鸢尾科·鸢尾属

形态: 多年生草本。植株基部围有老叶残留的膜质叶鞘及纤维,根状茎粗壮,须根较细而短;叶黄绿色,稍弯曲,长宽剑形;花蓝紫色,形如鸢鸟尾巴;蒴果长椭圆形或倒卵形;种子黑褐色,梨形。花期4—5月,果期6—8月。

鸢尾和黄菖蒲相似,其主要区别:黄菖蒲的叶片比鸢尾的叶片要大很多;黄菖蒲通常6—9月开花,花色一般为黄色,鸢尾4—5月开花,花茎和叶片等长,花色蓝紫色居多,色彩艳丽。

习性: 喜阳光充足、气候凉爽的环境,耐寒力强;喜适度湿润、排水良好、富含腐殖质、略带碱性的黏性石灰质土壤,常生于沼泽土壤或浅水层中。

分布: 分布于山西、安徽、江苏、浙江、福建、湖北、湖南、江西、广西、陕西、甘肃、四川、贵州、云南、西藏;生于向阳坡地、林缘及水边湿地。

应用: 叶片碧绿清脆,花形大而奇,宛若翩翩彩蝶,是庭园中的重要花卉之一,适合丛植片植。鸢尾花因花瓣形如鸢鸟尾巴而得名,主要色彩为蓝紫色,有"蓝色妖姬"的美誉。鸢尾花香气淡雅,可用于调制香水。对氟化物敏感,可用以监测环境污染。

伞草 *Cyperus involucratus* Rottboll

别名： 风车草 旱伞草　　**科属：** 莎草科·莎草属

形态： 多年生挺水型草本植物。丛生，茎秆粗壮，三棱形，无分枝；叶退化成鞘状，包裹茎的基部；总苞片叶状，长而窄，约20枚近于等长，成螺旋状排列于茎秆的顶部，向四面开展如伞状。7月开花，花小，白色或黄褐色；9—10月果实成熟，小坚果，倒卵形或扁三棱形。

习性： 中性植物，喜光，耐半荫；喜温暖湿润气候，不耐寒，冬季低温地上部分枯死；对土壤的要求不严，但喜腐殖质丰富、保水力强的黏性土壤。

分布： 原产非洲马达加斯加岛，现世界各地多有引种栽培。

应用： 株形秀丽，观赏价值较高，适合于水培与盆栽，是很好的室内观叶植物；也是制作盆景的好材料，置于案头、书桌、窗台，生机盎然。在江南地区可露地栽培，适合于溪流岸边、假山石隙间作点缀。

芦苇 *Phragmites australis* (Cav.) Trin. ex Steud.

别名： 蒹葭　　**科属：** 禾本科·芦苇属

形态： 多年生挺水型草本植物。有发达的葡萄根状茎，且茎中空光滑；叶片披针状线形，排列成两行；圆锥状花序微向下弯垂，下部枝腋间有白色柔毛；果实呈披针形；花期在7月；果期在8—11月。

习性： 能适应不同的生态环境，喜生于沼泽地、河漫滩和浅水湖等环境的称之为湿地芦苇；分布在干旱区绿洲农田外围、盐碱地，甚至一些沙漠区域等环境的称之为旱生芦苇。

分布： 分布于我国各地，常见于江河湖泽、池塘沟渠沿岸和低湿地。

应用： 花序雄伟美观，常用作湖边、河岸低湿处的观赏植物，有固堤、护坡、控制杂草的作用，秆为造纸原料或作编席织帘及建棚材料，根状茎供药用。芦苇还是湿地沼泽环境中重要的组成部分，且芦苇湿地的生态价值具有"第二森林"之美誉，在净化水源、调节气候和保护生物多样性等方面具有其他植物不可替代的作用。

芦竹　*Arundo donax* L.

别名：毛鞘芦竹　　**科属：**禾本科·芦竹属

形态：多年生挺水型草本。具发达根状茎，秆粗大直立，高 3~6m，坚韧，多节，常生分枝；叶鞘长于节间，叶片扁平，长 30~50cm，上面与边缘微粗糙，基部白色，抱茎；圆锥花序极大型，长 30~90cm，分枝稠密，斜升；颖果细小，呈黑色，花果期 9—12 月。

芦苇跟芦竹形态相类似，区别主要在于：芦竹秆要比芦苇高和粗；芦竹的秆上部有分枝，芦苇没有。

习性：喜光照充足，耐半荫；喜温暖水湿，较耐寒；对土壤适应性强，可在微酸或微碱性土中生长。

分布：分布于华南、西南、华东及湖南、江西、亚洲其他地区及非洲、大洋洲热带地区；生于河岸道旁、砂质壤土上。

应用：管理非常粗放，生长期注意拔除杂草和保持湿度，无须特殊养护，造景独有野趣。性味苦、甘、寒，具有清热泻火的功效；亦可编织各种日用品，整根可作菜架杆和篱笆等，是造纸、造纤维的原料，经济价值很大。

花叶芦竹　*Arundo donax* 'Versicolor'

别名：花叶荻芦苇 花芦竹　　**科属：**禾本科·芦竹属

形态：多年生挺水草本观叶植物。宿根，地下根状茎粗而多结，叶片扁平，茎秆高大挺拔，形状似竹；早春叶色黄白条纹相间，后增加绿色条纹，盛夏新生叶则为绿色。花序可用作切花，圆锥花序极大型，花果期 9—12 月。

习性：喜光，喜温，耐水湿，也较耐寒，不耐干旱和强光；喜肥沃、疏松和排水良好的微酸性砂质土壤；在北方需保护越冬，在长江中下游地区的炎热夏季气温达 42℃时要给叶面喷水，防止叶片日灼。

分布：主要分布于我国华东、华南、西南等地；常生于河旁、池沼、湖边，形成芦苇荡，南方各地庭园引种栽培。

应用：对生活污水有较好的净化效果；主要用于水景园林背景材料，也可用于点缀桥、亭、榭四周，可盆栽用于庭园观赏，还可露地种植供观赏。

矮蒲苇 *Cortaderia selloana* 'Pumila'

科属： 禾本科·蒲苇属

形态： 多年生宿根湿生草本植物。蒲苇的变种，丛生，高大粗壮，雌雄异株；叶多聚生于基部，叶片质硬、狭窄，下垂，边缘具细齿，呈灰绿色，被短毛；圆锥花序大，雌花穗银白色，具光泽，小穗轴节处密生绢丝状毛，小穗由 2~3 朵花组成；雄穗为宽塔形，疏弱。花期9—10 月。

习性： 阳性植物，喜阳光充足、温暖湿润环境，亦耐寒；适应性强，不择土壤，既耐水湿，亦耐干旱。

分布： 原产美洲，现我国南北各地均有栽培。

应用： 花穗长而美丽，成片栽植壮观而雅致，具有优良的生态适应性和观赏价值。常用作湖边、河岸低湿处的背景材料，且具有固堤、护坡、控制杂草之作用；也可在花境观赏草专类园内使用，入秋观赏其银白色羽穗状圆锥花序；也可用作干切花。

慈姑 *Sagittaria trifolia* subsp. *leucopetala* (Miq.) Q. F. Wang

别名： 华夏慈姑　　**科属：** 泽泻科·慈姑属

形态： 多年生挺水型草本植物。地下具根茎，先端形成球茎，表面附薄膜质鳞片，端部有较长的顶芽；叶片着生基部，出水成剑形，叶片箭头状，全缘，叶柄较长，中空；沉水叶多呈线状；花茎直立，多单生，上部着轮生状圆锥花序，小花单性同株或杂性同株，白色，不易结实。花期 7—9 月。

习性： 具很强的适应性，在各种浅水区均能生长，但要求光照充足、气候温和、背风的环境；喜生长于土壤肥沃、土层不太深的黏土上；风雨易造成叶茎折断，球茎生长受阻。

分布： 原产我国，南北各地均有栽培，并广布亚洲热带、亚热带地区，欧美也有栽培。

应用： 叶片宽大翠绿，叶形奇特，是优良的水生观叶植物。可片植于湖泊、溪流浅水处，球茎可作蔬菜食用。

水葱　*Schoenoplectus tabernaemontani* (C. C. Gmelin) Palla

别名：管子草 冲天草　**科属**：莎草科·水葱属

形态：多年生宿根挺水草本植物。匍匐根状茎粗壮；秆高大，圆柱状；最上面一个叶鞘具叶片，叶片线形；长侧枝聚伞花序，小穗单生或 2~3 个簇生于辐射枝顶端；小坚果倒卵形或椭圆形。花果期 6—9 月。

常用同属栽培变种

花叶水葱（*Schoenoplectus tabernaemontani* 'Variegata'）：地上茎具横向浅黄色条纹。

习性：最佳生长温度 15~30℃，10℃以下停止生长，能耐低温，北方大部分地区可露地越冬。

分布：产于我国多省份，生长在湖边、水边、浅水塘、沼泽地或湿地草丛中。

应用：株丛挺立，色泽美丽奇特，飘洒俊逸，观赏价值高，适宜作湖、池水景点，不仅是上好的水景花卉，而且可以盆栽观赏；剪取茎秆可用作插花材料。对污水中有机物、氨氮、磷酸盐及重金属有较高的除去率，常与香蒲搭配净化水质。云南一带常取其秆作为编织席子的材料。

梭鱼草　*Pontederia cordata* L.

别名：北美梭鱼草 海寿花　**科属**：雨久花科·梭鱼草属

形态：多年生挺水或湿生草本植物。叶片较大，表面光滑，叶形多为倒卵状披针形；花葶直立通常高出叶面，穗状花序顶生，簇拥着几十至上百朵蓝紫色圆形小花。5—10 月开花结果。

习性：生长迅速，繁殖能力强；喜温、喜阳、喜肥、喜湿、怕风不耐寒；静水及水流缓慢的水域中均可生长，适宜在 20cm 以下浅水中生长，适温 15~30℃，越冬温度不宜低于 5℃。

分布：美洲热带和温带均有分布，我国华北等地有引种栽培。

应用：叶色翠绿，花色迷人，花期较长，可用于家庭盆栽、池栽，也可广泛用于园林美化，栽植于河道两侧、池塘四周、人工湿地，与千屈菜、花叶芦竹、水葱、再力花等相间种植。

狐尾藻 *Myriophyllum verticillatum* L.

别名：绿凤尾 青狐尾 水聚藻　　**科属：**小二仙草科·狐尾藻属

形态：多年生沉水或挺水草本。根状茎发达，在水底泥中蔓延，节部生根；茎圆柱形，多分枝；叶通常 4 片轮生，或 3~5 片轮生；水中叶较长，丝状全裂，裂片较宽；秋季于叶腋生出棍棒状冬芽而越冬；花单性，雌雄同株或杂性、单生于水上叶腋内，每轮具 4 朵花。花期 6 月。

习性：夏季生长旺盛，冬季生长慢，能耐低温，不耐旱。

分布：为世界广布种，我国南北各地池塘、河沟、沼泽中常有生长。

应用：叶色翠绿，小巧精致，可片植于岸边浅水处，亦可用水族箱栽培观赏。对水体中磷的吸收能力较强，现多用于富营养化水体的生态修复。

水烛 *Typha angustifolia* L.

别名：水蜡烛 狭叶香蒲 蒲草　　**科属：**香蒲科·香蒲属

形态：多年生挺水型草本植物，水生或沼生。植株高大，地上茎直立，粗壮；叶片较长，雌花序粗大，叶鞘抱茎；小坚果长椭圆形，种子深褐色。花果期 6—9 月。

习性：适宜长在浅水、底部有深厚沃土的湖泊或池沼，需要充足直射光才能正常生长，如光线不足或在蔽荫环境，则叶片会长得薄、黄，枝条或叶柄纤瘦，节间伸长，花瓣小，花色淡甚至开不出花。

分布：原产温带或暖温带地区，是我国传统的水景花卉，用于美化水面和湿地。分布较广，常生长于河湖岸边沼泽地，当水体干枯时可生于湿地及地表龟裂环境中。

应用：假茎白嫩部分（即蒲菜）和地下匍匐茎尖端幼嫩部分（即草芽）可以食用。花粉入药，称"蒲黄"；雌花当作"蒲绒"，可填床枕，花序可作切花或干花；叶片可作编织材料；茎叶纤维可造纸。长江流域栽植一般在立夏到小满期间最好。

田字萍　*Marsilea quadrifolia* L.

别名： 四叶萍　　**科属：** 萍科·萍属

形态： 幼年期沉水，成熟时浮水、挺水或陆生。根状茎匍匐细长、横走，向上出一叶或数叶；叶由4片倒三角形的小叶组成，呈"十"字形，外缘半圆形，两侧截形，叶脉扇形分叉，网状，网眼狭长，无毛。

习性： 喜生于水田、池塘或沼泽地中。

分布： 分布于我国长江流域以南各地；全球热带至温暖地区也有分布。

应用： 孢子果在泥中靠水扩散繁殖，生长快，整体形态美观，可在水景园林的浅水区、沼泽地中成片种植。

第七篇

特型植物

　　在园林植物中，苏铁科、棕榈科、龙舌兰科植物的内部结构和外部形态比较特殊，茎干没有形成层，叶片大而美观；这些植物具有特殊的形态，在园林绿化景观的配置中能起到较好效果。

苏铁 *Cycas revoluta* Thunb.

别名： 铁树 凤尾蕉 避火蕉　**科属：** 苏铁科·苏铁属

形态： 常绿棕榈状乔木。茎干粗短，圆柱形，一般不分枝；羽状叶，裂片有40~100片或更多，呈V形伸展。羽片直或近镰刀状，厚革质，坚硬，具刺状尖头，下面疏被柔毛，边缘强烈反卷；花期6—8月，雌雄异株，花单生枝顶；雄球花圆柱形，背面着生数个药囊；雌球花略呈扁球形，大孢子叶宽卵形，有羽状裂，密被黄褐色绒毛；种子10月成熟，卵形，微扁，红色，长2~4cm。

习性： 中性植物，喜光又耐荫；喜温暖湿润气候，耐寒性差，易受冻害；生长缓慢，寿命可达200年以上。在原产地栽培，10余年后则每年能开花结果。

分布： 原产我国福建、台湾、广东等地；日本、印度、菲律宾也有分布。

应用： 现今世界上生存最古老的植物之一，形态优美，有反映热带风光的观赏效果。常对植于庭园大门两侧，孤植、丛植于花坛中心或开阔的草坪内，也可盆栽布置于大厅、走廊、会场等，供室内装饰与观赏。南方可露地栽植，北方以盆栽为主。

棕榈 *Trachycarpus fortunei* (Hook.) H. Wendl.

别名： 棕树 山棕 栟榈　**科属：** 棕榈科·棕榈属

形态： 常绿中乔木。挺拔秀丽，干圆柱形，茎有环纹，常被残存的叶鞘和网状纤维（俗称"棕"）；叶片近圆形，叶柄两侧具细圆齿；花序粗壮，雌雄异株，花黄绿色，卵球形；果实阔肾形，有脐，成熟时由黄色变为淡蓝色，有白粉，种子胚乳角质。花期4月，果期12月。

习性： 喜温暖湿润的气候，喜光，极耐寒，较耐荫，成品极耐旱，唯不能抵受太大的日夜温差；适生于排水良好、湿润肥沃的中性、石灰性或微酸性土壤，耐轻盐碱，也耐一定的干旱与水湿；抗大气污染能力强；易风倒，生长慢。春季移栽为好，一般3—4月移栽成活率高。

分布： 原产我国，在我国分布广泛，长江流域以南各省区均有栽培。通常仅见栽培于"四旁"，罕见野生于疏林中，垂直分布海拔上限2000m左右。

应用： 棕皮纤维生活中用处广泛，树形优美，也是庭园绿化的优良树种。棕榈对多种有毒气体有较强的抵抗和吸收能力，故可在污染区大面积种植，具有美化、净化双重作用。

加拿利海枣　*Phoenix canariensis* Chabaud

别名：长叶刺葵　加拿利刺葵　槟榔竹　**科属：**棕榈科·海枣属

形态：常绿中乔木。植株高大雄伟，茎秆粗壮，干上覆以不规则的老叶柄基部；具波状叶痕，羽状复叶，顶生丛出，较密集，每叶有100多对小叶(复叶)，小叶狭条形，近基部小叶成针刺状，基部由黄褐色网状纤维包裹；穗状花序腋生，花小，黄褐色；浆果，卵状球形至长椭圆形，熟时黄色至淡红色。

习性：喜温暖湿润环境，喜光又耐荫，抗寒、抗旱，忌涝，抗风性强；生长适温20~30℃，越冬温度−5~10℃，但有在更低温度下生存的记录。在长江流域冬季，干部需稍加包裹，基部需遮盖。

分布：原产于非洲加拿利群岛，我国早在19世纪就有零星引种，近些年在南方地区广泛栽培。

应用：形态优美，可孤植作景观树，或列植为行道树，也可三五株群植造景，是街道绿化与庭园造景的常用树种。

凤尾兰　*Agave sisalana* Perr. ex Engelm

别名：菠萝花　剑麻　**科属：**天门冬科·龙舌兰属

形态：常绿灌木。茎干短，少分枝，叶在短茎上密集成丛；叶梗直，宽剑形，基部簇生，长40~60cm，厚革质，先端呈坚硬刺状，表面粉绿色，缘具疏齿。花期9—10月(个体差异较大，少量植株5—6月开花)，大型圆锥花序自叶丛中抽出，花梗粗壮而直立，高1m余，花自下而上次第开放，乳白色，具六棱。蒴果，长圆状卵圆形，不开裂。

习性：阳性植物，喜光，生命力强，耐干旱瘠薄，耐寒；喜排水良好的砂质土壤，对酸碱度适应范围广；对有毒气体抗性较强。

分布：原产美国东部，现我国长江流域各地多有栽培。

应用：叶形似剑，花茎挺立，花白如玉，富有幽香，为花叶俱佳的观赏花木。在庭园中宜丛栽于花坛中心、草坪角隅、树丛边缘或假山石边，与棕榈配植或作花草之背景，颇具特色。因叶坚硬锋利，不宜栽植于园路边，以免儿童触碰刺伤。

附　录

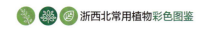

附录一　绿化苗木种植技术

一、山地造林技术

（一）困难立地造林（石灰岩或半干旱贫瘠山地）

1. 推荐树种

柏木、湿地松、南酸枣、香椿、黄连木、黄山栾树、朴树、榉树、黄檀、枫香、刺槐、栎树、乌桕等。

2. 结构配置

一是利用石灰岩山地的特殊凹坑或小平台地形，随机种植多树种的近自然混交林，以提高对病虫害及各种自然灾害的抵抗力；二是对立地条件较一致的石灰岩山地，营造具有一定规格和要求的柏木或湿地松等用材林纯林。

3. 造林方法

（1）整地方式

鱼鳞坑整地：对坡度陡、石灰岩裸露的地段采取鱼鳞坑整地，鱼鳞坑规格视树种特性及山坡具体情况而定。

穴状整地：适宜于坡度较陡、土层瘠薄的山地，穴规格（长×宽×深）一般为 0.6m×0.6m×0.5m 或 0.8m×0.7m×0.5m，视种苗大小而定。

带状整地：沿等高线进行，带宽 0.6~1.0m 带间保留自然植被带，山顶和山脚不整地，有利于山地水土保持。

（2）造林时间

秋季至春季造林，即 11 月下旬至翌年 4 月造林，造林时间选择在雨后阴天或细雨天，以雨期造林为好。其中常绿树种适宜春季植苗造林，一般在树木发芽前完成；落叶树种适宜晚秋移植，比冬春移植成活率高。

（3）造林要求

容器苗造林：提倡容器苗上山造林，以确保困难立地造林的成活率和保存率；要求一年生以上容器良种壮苗上山。有条件的情况下，栽种苗木前，在挖好的定植穴内施入基施或缓释复合肥，并适当回土覆盖底肥；栽植时将容器去除直接放于穴内，回土压实填平，再根部回土成馒头状。

裸根苗造林：建议用生根粉混合泥浆水蘸根后造林，有条件的选择二年生以上裸根壮苗带土球造林。

（4）幼林抚育

幼林抚育是造林结束后到幼林郁闭前所进行的必要管理措施，内容包括除草、松土、施肥、扶正、补植等；抚育要做到"三不伤"（不伤根、不伤皮、不伤梢）、"二净"（杂草除净、石块拣净）、"一培土"（把锄松的土壤和杂草培到植株根部），以减少地表水分蒸发，增加土壤有机质。

（二）阔叶树种混交造林技术

1. 树种选择原则

推广应用乡土树种，适当选用已引种成功的外来树种；模拟本地区或邻近地区保存较完整的次生常绿落叶阔叶混交林的物种组成和自然分布，从中选择符合经营目的的树种，以常绿树种为主，落叶阔叶树种为辅；参考本地区珍贵树种造林成功经验，进一步优化混交造林模式。

2. 树种选择

乡土树种（壳斗科、樟科、山茶科、木兰科、金缕梅科、楝科、无患子科等植物），引进树种（红豆树、花榈木、娜塔栎、美国枫香等）。

3. 整地方式

一般选用块状或带状整地，造林穴规格一般为 0.6m×0.6m×0.5m 或 0.8m×0.7m×0.5m，视种苗大小而

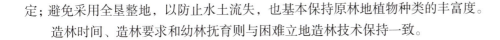

定；避免采用全垦整地，以防止水土流失，也基本保持原林地植物种类的丰富度。

造林时间、造林要求和幼林抚育则与困难立地造林技术保持一致。

二、平原绿化技术

（一）大苗移栽

1. 移栽前工作

（1）苗木的准备。移植的大苗，其绿化效果如何，栽植后生长发育状况怎样，在很大程度上取决于移植大苗的选择是否恰当。一般应按照下列原则选择移植大苗：一是树种要能适应栽植地点的生态环境条件，做到适地适树；二是选择形态特征合乎绿化要求的树种，做到树冠丰满，观赏价值高；三是要选择生长健壮、无病虫害和未受机械损伤的树木，提高移栽成活率。

（2）苗木的处理。开始挖掘前，在保证种植成活后苗木树形快速恢复的前提下，剪除过密枝、徒长枝、下垂枝、交叉枝。在装车后栽植前进行修剪，修剪要领为：①剪去顶枝，顶枝部分如嫩枝则需要全部修剪，长度约为30cm；②若在生长期移植还需要将80%的老叶去掉，枝端嫩芽及整株嫩叶去掉95%以上，这样利于降低树体本身的蒸腾作用，便于调节树木地下和地上部分的水分及营养物质供应与消耗的平衡，提高成活率；③常绿树种在休眠期移植也应去掉部分树叶，行道树要按定杆要求进行截剪，剪口封漆。

（3）整地处理。根据设计的标高平整土地，清除移栽地内的瓦砾、砖石、残根、断茎以及其他建筑垃圾，保证土壤具有一定的通透性和渗水能力，通常至少要保证土层深度在40cm以内的土壤都必须要符合苗木栽植要求。为了能够消除土壤中的病害，可用50%多菌灵可湿性粉剂拌入土中或翻土通过太阳照射消毒；考虑到苗木对土壤酸碱度喜好不同，在整地时还要根据所移栽苗木的生物学特性来对土壤酸碱度进行调节处理。如可用硫酸亚铁增加土壤酸性，用生石灰增加土壤碱性。

（4）移植时间的选择。树木是有生命的机体，移栽要"因地制宜""因树制宜"；要掌握植物在不同发育阶段的三基点：最适点、最低点和最高点。树木可分为落叶树与常绿树两类，落叶树的种植时间一般可安排在落叶到萌芽前这段时间里，只要避开严寒的天气（如冰冻）均可种植；常绿树种植时间一般可安排在暖冬天气和春季阴雨天。

2. 移栽具体方法

（1）苗木的起挖。移栽绿化大苗带土球起苗，是影响苗木成活率的关键因素。根据树木的生物学特性，确定树木的根系、根幅及土球的大小，挖掘土球大小的基本标准可定为：土球直径（横向）应为树木胸径的7~10倍，大规格苗木土球直径（横向）与土球高度（纵向）的比例大于1；另外，可以根据树木根系生长实际情况确定土球高度（纵向）。起苗时必须保证土球大小适宜且不易破裂，最大限度地保护根系。如遇干旱天气，起苗前1~2天适量浇水，以防挖掘时土球松散，挖至土球底部主根时，应先固定树体，用锋利的铲刀快速切断主根，以便形成完整的土球。土球挖好后，要根据土球的大小、运输的距离、运输的方式等综合因素选择科学合理的材料、方式及时进行包装。

（2）苗木的运输。在进行装车时，先在车厢底部垫一层20cm厚的（稻草等）缓冲层，再将树体按土球向前、树冠向外放置于车内。然后用厚木板或沙袋垫牢土球，拴紧树身，避免滑动，以防土球散裂和树身损伤。在运输过程中，应在树木顶部盖一层湿草席，同时加盖篷布，保湿和减少风吹造成树木枝叶失水萎蔫。要与司机密切配合，开车速度不宜过快，特别是道路转弯、颠簸处应减速慢行，尽量减少碰撞，确保不散球。

（3）栽植。大苗运到目的地后应及时卸车栽植，但往往因为工程进度或其他原因有时不能及时种植，则需进行假植；假植时应注意株行距，保持树枝叶与其他树枝叶不交叉。树木的栽植应本着"深挖浅种"的原则，坑的规格须比土球大，加宽60~100cm，加深30~50cm。栽植前应在底部垫肥土混合层，树木入坑放稳后去除包装草绳或不去除（原土质差时应换肥土），撒上生根粉，进行回填，回填时应分层踩实，栽植好后，就需及时浇水；第一次必须浇透，一般在栽后两三天内完成第二遍浇水，一周内完成第三遍浇水；这两遍浇水量要足，以后根据天气情况确定浇水次数，每次浇水后要注意整堰，填土堵漏，然后用水浸的草绳缠绷住主干，进行树干保湿，减少水分挥发；同时应设支架，支撑树干，防止倾倒和摇动影响成活；一般采用三柱支撑固定法，将树木牢固支撑，确保大树的稳固，一般一年后，大树根系恢复好方可撤除。

3. 移栽后的管理技术

（1）水分管理。新移植的大苗，由于根系吸收能力下降，而树冠蒸腾作用仍在进行，因此树体失水较严重，保持树体的水分平稳是树木成活的关键。栽植浇透水后，过大约 5 天后浇第一次水，然后每隔 10~15 天浇一次透水。但具体时间要根据天气情况及土壤质地而定，每次浇水都要培土，处理裂缝和做保护圈，长期阴雨天气要注意排水。另外，栽植常绿树种或反季节栽植时，进行树冠喷水，喷水时间上午 10 时以前，下午 4 时以后。

（2）合理施肥。栽植时，回填的土壤中，配有农家肥时，一般不进行土壤施肥；如回填土未配农家肥，可在根系萌发后，进行土壤追肥，要求薄肥勤施，慎防伤根。

三、竹子栽植技术

提示：栽竹不同栽树，栽竹成活关键在于竹鞭。竹鞭是地下茎，在土中横向生长，故不能栽深，否则影响竹鞭的生长行鞭；移栽时注意竹鞭的保护，切忌损伤鞭根、芽，也不可损伤竹鞭与竹竿连接处；要掌握深挖穴、浅栽竹、高培土的要点。

（一）丛生竹的移植方法与技术要求

丛生竹是一种地下横走的竹鞭，仅靠竹竿基部的芽发成竹笋，长出新竿的竹子。一般丛生竹的竹蔸、竹枝和竹竿上的芽，都具有繁殖能力，故可采用移竹、埋蔸、埋竿、插枝等方法进行繁衍移植。

1. 换土、整地

竹子种植地要求有灌溉条件，又要排水良好。由于丛生竹类地下茎入土较浅，出笋期在夏秋，新竹当年不能充分木质化，经不起寒冷和干旱，它们对土壤的要求高于一般树木。按照丛生竹喜酸、喜肥、喜温湿、怕水涝的生长特性，移栽丛生竹应选用土层深厚、肥沃疏松、排水良好、略偏酸性的砂质土壤。

在大多数情况下，移栽地的土壤理化性质并不适宜丛生竹的生长要求，这时就需要对土壤进行换土处理。清除垃圾，清除过于黏重的土壤和盐碱土，换上草炭土、腐蚀叶土等 pH 值在 4.5~7.0、疏松肥沃的土壤，为增加土壤渗水的排水性能可以适当掺加河沙。

大多数丛生竹生长的过程中需要大量的水分来满足其生长发育的需要；但又怕地下积水，引起地下根蔸的缺氧窒息死亡，故移植地应做好有利于排水的微地形。

2. 移植时间

丛生竹一般在 3—4 月发芽、6—8 月发笋。因此移植最好选在 1—3 月间竹子的休眠期进行，此时气温低，叶面水分蒸发少，有利于移植成活。当年即可出笋，2 年即可形成景观效果。

一般应避免在夏季的 6—8 月移栽，因气温过高、湿度偏低，移植的难度增大，成活率很低。

3. 移植程序及技术要求

作为园林景观种植，需要立即见效，故一般竹林只采用移植法进行栽植。移竹栽植又称分蔸栽植，种植程序一般分为选竹、挖竹、运输、栽植四个阶段。

（1）选择母竹。一般要求母竹必须是生长健壮、枝叶繁茂、节间均匀、分枝较低、无病虫害、无开花枝、竿基的芽眼肥大充实、须根发达的一年或二年生的竹竿。这类竹竿发笋力强，栽后易成活，是丛生竹移栽最理想的母竹。两年生以上的竹竿，竿基芽眼已有部分发笋成芽，残留下来的也基本趋于老化，失去了萌发能力，而且根系也开始衰退，不宜选作母竹。一年或二年生的健壮竹株一般都着生在竹丛边缘。

此外，选择母竹还要大小适中，一般大竿竹种要选胸径为 3~5cm、小竿竹种要选胸径为 2~3cm、竿基上有健壮芽 4~5 个的成竹。母竹过于细小，根茎生长点再生能力差，影响成活；过于粗大，挖掘、搬运、栽植都不方便，移栽后抗风能力较差的，也不宜选作母竹。

（2）挖掘母竹（分株）。丛生竹的竹蔸部分（即竹子的竿基和竿柄）就是地下径，竹蔸节间短缩，似烟斗形状，只有竹根，没有竹鞭。竿柄细小而无根，是母竹和子竹的联系部分。丛生竹的竿柄一般较短，节数较多，相当于散生竹的竹鞭。竿基肥大多根，每节着生1芽眼，又叫笋目，交互排成2列，芽眼数目按不同的竹种而有变化。

挖掘时，要根据竹种特性和竹竿大小，决定竹子的带土量和母竹竿数。一般较大竹种如孝顺竹、凤尾竹等，竹株较小，密集丛生，竹根分布也较集中的，可以选择3~5株，成丛状挖起栽植。为了保证移栽的成活率，竹蔸掘起后要用稻草或麻布将竹蔸连土包扎好，防止损伤芽眼并保证宿土不脱落。

（3）竹苗运输。竹苗起掘后尽快运输到位。如运输路途较远，要使用编织袋或草袋将竹苗包裹好，并用绳子扎紧。上下车要轻搬、轻装、轻卸，不要使竹苗受损或宿土脱落。丛生竹苗装车应直立，以防止运输途中因苗木堆压造成损伤；因竹叶较薄，易风干失水，故运输车厢要用篷布覆盖，防止风吹日晒使竹苗失水降低成活率；长途运输时，还应在途中喷水保湿，减少水分蒸发。

（4）栽植方法。由于丛生竹的地下径节间短缩，不能在土中作长距离的蔓延生长，为了加快生长速度、尽快形成景观效果，栽植密度要大些；一般在溪流两岸，平坦而肥沃的土壤上，栽植的行株距可大些，对于需要点景的部位，可以20~30竿呈丛状种植。

（二）散生竹的移植方法与技术要求

园林移植散生竹一般是指采用直接将母竹从竹林里分离出来，用于园林造景种植或事先将母竹移植到苗圃地里去培育2~3年，待竹苗增殖后，再起苗用于园林造园的母竹移植方法。

1. 换土.整地

为了培育速生优质的竹林景观，在散生竹移栽前，必须根据竹子对立地条件的要求，选择适宜的土壤和地形条件。

散生竹生长速度快，有强大的地下竹鞭系统。散生竹在碱性土上生长不良，因此，移植散生竹的土壤要求深度在50cm以上、肥沃、湿润、排水和透气性能良好的酸性、微酸性或中性砂质土或砂质壤土，pH值以4.5~7.0为宜。

散生竹大多不耐水湿，因此种植地的地下水位以1m上下为宜。此外，过于黏重瘠薄的红土、黄土以及盐碱土等，对竹子生长不利，不能种植散生竹。如必须种植，要进行客土更换，因为散生竹生长土层深度要求较高，换土厚度必须达到50cm以上。

在移植竹子前，还应对移栽地全面翻土，深度30~50cm，筛土清除建筑垃圾和生活垃圾，将表土翻入底层，有利于有机物质的分解；底土翻到表层，有利于矿物质的风化。

散生竹也不能在积水中正常生长，移植地必须作有利于排水的整形，整成自然坡地以利自然排水。特别是在比较平坦的地块上移植竹苗，一般还需要在种植带沟底设置碎石等滤、排水系统，在其上铺设1~2层土工布，在土工布上回填30cm以上的松散微酸性黄土；滤、排水系统必须和种植区域内的总排水系统有效连接，确保雨季积水能迅速排除。

2. 移植时间

散生竹一般在3—5月出笋，6—7月新竹生长旺盛，8—10月行鞭发芽，11月至翌年2月是竹子生长比较缓慢的时期。所以，冬季至早春（即11月至翌年2月，除冰冻期外）是散生竹适宜的移栽季节。散生竹近距离移栽，只要挖母竹时注意保护鞭根、多带宿土，一年中除高温伏天和冬天冰冻期外，都可以进行移栽。

四、露地花卉的种植养护措施

（一）整地作畦

（1）目的。改进土壤物理性质，水分、空气流通，可溶性养分增加，有利于微生物根生长，灭杀土壤病菌、害虫。

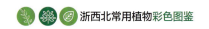

（2）深度。依据植物的生活习性，因花卉种不同而异。

一年或二年生草花：深度 20cm；球根：30cm；木本：大型，80~100cm；中型，60~80cm；小型，20~40cm。

（二）间苗（疏苗）

间苗： 扩大间距，幼苗间空气流通，日照充足。

目的： 生长苗壮、防治病虫、选优去劣、除杂苗。

（三）移植

1. 移植

育苗定植于花坛或花圃中。

作用：

（1）加大株距，增加光照、流通空气；

（2）切断主根，促使侧根发生；

（3）抑制徒长的效果。

分类："定植""假植"，裸根移植，带土移植。

2. 株行距的确定

根据花卉种类、苗床的时间和观赏目的，以及生长速度、大小来确定。

3. 移栽的时间和栽后的管理

2 月中下旬种植春季草花，4 月中下旬种植秋季草花，11 月上中旬栽种冬季花坛植物。各个地区还可根据不同的情况，在喜庆节日前更换花坛草花。

时间选择在无风的阴天或傍晚，降雨前移栽成活率高；晴天的早晨和上午不宜移栽，除非带土球壮苗。

移栽的操作：土球从外四周按实，第一次要浇透定根水，切忌连续灌水，以免根未伸出前因积水缺少空气而腐烂死亡；夏天种植要及时做好遮荫处理。

（四）灌溉

露地花卉一般从降雨中获得水分，干旱季节则需浇水。

1. 灌溉种类（4 种）

灌溉分为地面灌溉（漫灌）、地下灌溉（浸灌）、喷灌（浇灌）、滴灌。

2. 灌溉的原则

（1）春夏秋初生长季节，灌水量大而多，入冬则少浇或不浇；

（2）一次性灌透，切勿只灌表皮形成夹干层；

（3）黏土灌溉少，沙土灌溉多；

（4）针叶、狭叶少灌，大叶、圆叶多灌；

（5）前期生长需多灌，后期花果宜少灌。

3. 灌溉用水

软水为宜，避免硬水；河水最好，其次为池塘水和湖水，不含碱质的井水亦可。

4. 灌溉次数及时间

（1）浇水量：看天、看地、看苗、看季节而定。

（2）时间：夏季在清晨和傍晚，冬季应在中午前后。

（五）施肥

（1）肥料种类及施用量：依土质、土壤肥力、耕作、气候、雨量以及花卉种类而异。

（2）施肥方法。分为两大类：一是基肥，以厩肥、堆肥或粪干等为主，改进土壤物理性质；二是追肥，以化肥为主。

（3）施肥的时间。根据不同的生育期施用不同的肥料，一般在关键生育期均应施肥。一是攻苗肥：幼苗期施氮肥多；二是花芽分化前施钾肥多；三是果实发育前施磷肥多。

（六）中耕除草

意义：疏松表土，减少水分蒸发，增加土温，促进土壤内空气流通和有益微生物活动，促进土壤中养分分解，促进根系生长和养分吸收。

深度：依根系深浅及生长期而定，忌用除草剂。

除草要点：

（1）除草应在杂草发生之初，尽早进行。

（2）杂草开花结实之前必须清除。

（3）多年生杂草须将地下部分全部掘出。

（七）整形修剪

花卉园艺（观赏园艺）是一种艺术，是一种通过人工创造，产生美丽视觉景观的艺术手法；因此对花木进行人工的雕琢修剪是观赏园艺的基本手段。

（1）对象：大部分的木本植物、草本花卉不需整形和修剪。整形和修剪最一般针对的是盆景等造型植物。

（2）修剪：摘心，促分枝；去侧芽，控制分枝；折梢及捻梢，抑制新梢旺长；曲枝，扶弱枝；去侧蕾，促顶蕾花大；修枝，去除病虫害枝条。

（八）防寒越冬

（1）覆盖法，覆盖草席、草帘；

（2）培土法；

（3）灌水法，导热；

（4）浅耕法，热量导入和防止散发；

（5）密植，减少地热辐射。

（九）轮作

轮流栽植不同种类的花卉。

意义：最大限度地利用土地；防除病虫害。轮作的茬口安排依地区、土质而异。

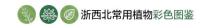

附录二　绿化苗木主要病虫害防治技术

一、4—5月份病虫害防治

（1）**槐尺蠖**。主要危害龙爪槐等树种。4—5月重点防治一二代幼虫。

防治方法：①当百片复叶有5~7条幼虫时，应在一周内进行防治。可用苏云金杆菌乳剂600倍，既具杀虫效果又不伤害天敌；②可喷洒50%杀螟松乳油、80%的敌敌畏乳油1000~1500倍液，50%辛硫磷乳油2000~4000倍液。

（2）**蚜虫**。蚜虫主要危害红叶李、紫薇、木槿、碧桃、月季等。随着温度升高，蚜虫日益增多和严重。

防治方法：①蚜虫初迁至树木为害时，随时剪掉树干、树枝上受害严重的萌生枝，或喷洒清水冲洗，防止蔓延；②初发期间向幼树根部施埋3%呋喃丹颗粒剂；③保护瓢虫、草蛉、蚜茧蜂、食蚜蝇等天敌；④盛发期间向植株喷洒EB-82灭蚜菌300倍液、1.1%烟-百-索乳油1000~1500倍液。

（3）**蚧壳虫**。主要危害雪松、白玉兰、海桐、月季、黄杨、紫薇、火棘等。蚧壳虫大多在4月中旬至5月中下旬开始孵化活动。

防治方法：①对少量的虫体于孵化前进行人工清刷；②敌百虫加灭多威肥皂粉喷液。

（4）**垂柳蛀干虫**。主要危害垂柳等树种。

防治方法：用毒签或敌百虫注入封杀。

（5）**立枯病**。主要危害新播种花卉、树苗以及一些易烂根的花卉，如果土壤湿度大时，极易发生立枯病。

防治方法：①播种前土壤用敌克松或多菌灵粉剂，均匀拌在土壤里；②在小苗幼嫩期控制浇水，勿使土壤过湿；③初发现病苗时，浇灌1%的硫酸亚铁或200~400倍50%的代森铵液，均为每平方米浇灌2~4kg药水。

（6）**海棠锈病**。四五月雨后易大量侵染。主要危害松柏类、海棠类植物。

防治方法：①避免将海棠、柏木种在一起，减少发病；②用药物防治，对感病严重的植株，可用20%的粉锈宁1400倍液，或50%退菌特可湿性粉剂800倍液，或65%代森锰锌1600倍液进行叶面喷洒，控制病害发生；③于3月下旬冬孢子堆成熟时，喷施1∶2∶100的波尔多液，或喷0.3%五氯硝酚钠稀释液，加石硫合剂配成波美1度的混合液。

（7）**紫薇白粉病**。大多于四五月侵染，夏季易造成黄叶、枯叶、嫩梢弯曲等症状。

防治方法：①少施氮肥，多施些磷钾肥；②初侵染期喷一次15%的粉锈宁，兑水700~1000倍。

（8）**蛴螬**。主要危害树木根部。

防治方法：①用50%辛硫磷乳油每667m² 200~250g，加水10倍，喷于25~30kg细土上拌匀成毒土，结合灌水施入；②用2%甲基异硫磷粉每667m² 2~3kg拌细土25~30kg成毒土，或用3%甲基异硫磷颗粒剂，5%辛硫磷颗粒剂，5%地亚农颗粒剂，每667m² 2.5~3kg处理土壤，都能收到良好效果，并兼治金针虫和蝼蛄。

二、6—8月份虫害防治

（1）**蛀干害虫：天牛、柳蝙蛾、木蠹蛾等**。主要发生在夏季，主要危害大苗木，如栾树、苦楝、国槐等树种。

防治方法：①结合冬季修剪，消灭越冬体，成虫盛期，进行人工捕杀；②涂干80%敌敌畏乳油或50%杀螟松加水或柴油1∶5涂受害处树皮；③成虫盛发80%敌敌畏乳油1000ml兑水1500kg于病枝主干基部表面，5~7天再治一次。

（2）**美国白蛾**。主要危害法桐、杨梅树等树种，6—7月是第一代幼虫危害盛期。

防治方法：①挖白蛾虫蛹、摘卵块、剪除网幕；②对各龄幼虫使用5%氯氰菊酯乳油1500倍液、80%敌敌畏乳油1000倍液、40%久效磷乳油1000~1500倍液、1.8%阿维菌素3000倍液对发生树木及其周围50m范围内所有植物和地面进行立体式周到细致的喷洒药防治。

（3）**红蜘蛛**。主要危害松柏类苗木。

防治方法：①洗衣粉 15g，20% 的烧碱 15mL，水 7.5kg，三者混匀后喷雾，一两天后检查，红蜘蛛的成虫、若虫死亡率为 94%~98%；②选择三氯杀螨醇、马拉硫磷、双甲脒等，使用的时候稀释 1000 倍进行喷洒，虫害比较多，一般的药物控制不住的时候，可用 10% 苯丁哒螨灵 1000 倍液，或者混合 5.7% 甲维盐乳油 3000 倍液，混合后效果会更佳；③取 50g 草木灰，加水 2500g 充分搅拌，浸泡两昼夜过滤，再加 3g 洗衣粉调匀后喷洒，每日一次，连续三天，隔一周再喷洒三天，可消灭第二代害虫。

（4）**槐尺蛾**。主要危害龙爪槐等树种。7—8 月重点防治三四代幼虫。

防治方法：同一二代防治方法。

三、9—11 月虫害防治

（1）**美国白蛾**。主要危害白蜡、法桐、杨树等树种，8—9 月是第二代幼虫危害盛期。

防治方法：同第一代防治方法。

（2）**黄杨绢野螟**。主要危害瓜子黄杨、雀舌黄杨等。

防治方法：①抓住低龄幼虫盛期，及时做好防治；②农药用 50% 辛硫磷乳油或 20% 速灭杀丁乳油 1200 倍液喷雾。

（3）**刺蛾**。主要危害桃、垂柳、杨等。

防治方法：药剂防治在一二龄幼虫盛期进行，用 90% 晶体敌百虫或 25% 亚胺硫磷乳油 1000 倍，80% 敌敌畏乳油或 50% 马拉松 1000~1500 倍液等喷治。

四、冬季病虫害防治

冬季大部分苗木病虫害以各种方式进入越冬状态，这一时期各种病虫基本上不活动，移动性小，正是进行防治的好季节。

防治方法：①结合冬季修剪，着重剪除带病虫的枝叶。②涂白保护：枝干涂白不仅能有效防治冬季花木的冻害、日灼，提高花木的抗病能力，而且还能破坏病虫的越冬场所，起到既防冻又杀虫的双重作用；特别是对树皮里越冬的螨类、蚧类等作用尤佳。③药物防治：由于冬季各种病虫多处于休眠状态，对于那些在发生季节不易防治的病虫可以采用冬季药物防治措施。

附录三　花卉苗木抗涝减灾抢救措施

大水过后，受洪涝灾害的苗木应尽快抢救，以减少损失。受涝的补救措施总体概括为四点：排除积水、扶苗修剪、及时追肥、病虫害防治。

1. 排除积水

水涝对苗木的伤害程度与浸水的时间长短成正比。对于积水苗木应立即采取有效措施，组织人员千方百计迅速排除，尽量减少苗木浸泡时间；及时采取松土、晾根等措施，改善土壤通透性，最大限度地避免因长期积水导致苗木大面积死亡现象的发生。

可以采用挖排水沟和机械排水等办法。排水时对受涝程度不太严重的苗木可人工排水，大面积受涝或受涝程度较重则用水泵等设备排水。

2. 扶苗修剪

水退后及时扶正苗木，洗净苗木的淤泥杂物；待苗木恢复生机后再进行松土、除草，以促进苗木根系的生长发育。

排水数日后要及时扶正倒伏、倾斜的苗木，并加以固定，否则土壤干结、根系固定就再难扶正，易伤树根。对受潮而烂根较严重的苗木，应松土散墒，将根颈周围的土扒开晾根，增加蒸发量，提高土壤通气性，促进根系尽快恢复吸收功能；同时清除已腐烂的树根，撒施草木灰或干火土灰，并在土壤干爽后换新土，尽快使根系恢复生长。

扶正苗木后的1~2天即可因树修剪，对死枝多的苗木要待新芽萌发后剪去残缺无用的枝条，削平伤口，伤口涂上波尔多液浆。落叶枯枝少的树及时带绿修剪，新芽萌发成丛的树抹除多余的芽梢，以节约养分，促发新梢。修剪较重的树要刷白，以保护主枝和大枝，防止日灼发生。结合修剪，及时用清水冲洗枝干、叶片上的泥沙，以利恢复树势并继续保持叶片进行光合作用。此时苗木都处于生长旺盛期，发现烂根的要进行重剪，除保留最重要的主侧枝，其余都要剪掉。

3. 及时追肥

作物经过水淹，土壤养分大量流失，加上根系吸收能力衰弱，及时追肥对恢复植株生长有利。在植株恢复生长前，以叶面喷肥为主，可根据实际情况选择一些市面上常见的叶面肥。苗木植株恢复生长后，再进行根部施肥，增施磷钾肥及微量元素，增强植株抗逆能力。

补肥应以氮、磷肥为主，还可在叶面喷施0.3%~0.5%尿素+0.2%~0.3%的磷酸二氢钾2~3次，或对树干涂3~5倍的氨基酸+5%的尿素，使苗木尽快恢复生机。如果是果树苗圃，还要增加追肥次数，每亩增施尿素15~20kg。坐果后要增加追肥，在施尿素等速效氮肥恢复树势的同时，增施磷、钾肥。秋施基肥应施有机肥，如土杂肥、厩肥等肥料。

4. 病虫害防治

涝灾过后，苗床或盆土温度高、湿度大，再加上植株生长衰弱，抗逆性降低，苗木极易感染溃疡病、腐烂病、黑斑病等病害，因此，积水排出之后要及时对树木喷施一遍杀菌剂，并及时进行调查和防治，控制蔓延。

对于防治树木溃疡病、腐烂病可选用100倍的菌必清或灭腐灵，病害严重的地方可用50倍药液涂刷树干；防治树木黑斑病可选用25%百菌清800倍液，或70%的甲基托布津1500倍液，或50%多菌灵1000倍液进行全树喷雾，混配药液时可加入0.3%尿素及磷酸二氢钾同时进行叶面施肥。药剂防治的时间为每隔7天喷1次、连喷3次。

防治病虫害要选择高效、低毒的对口农药；施药后如遇下雨天气，还需再次补喷药，防治病害一般用药2~3次。

附录四　园林植物抗高温干旱主要技术

一、防旱保墒技术

进行土壤改良及合理耕作，改善土壤结构，提高吸水力和保水力；及时松土和覆盖，减少地面蒸发。

（1）**深翻扩穴**。结合土壤管理，深翻扩穴增加土壤的空隙和破坏土壤的毛细管，不仅增加了土壤的蓄水量，而且减少了土壤水分的蒸发。深翻结合压埋绿肥，以增加土壤肥力，增进土壤团粒结构，提高抗旱能力。

（2）**中耕**。主要作用是破坏土壤毛细管减少水分蒸发，同时也可清除杂草，以免与苗木争夺水分。中耕深度 ≤ 10cm。

（3）**地面覆盖**。覆盖是新建园林苗木防旱的重要措施。苗木种植后，用杂草、秸秆等植物材料覆盖树盘；覆盖物应与根颈部保持 10cm 以上的距离。

（4）**树干刷白**。对新种植苗木，在高温干旱来临前，用 10% 的石灰水涂白树干，对减少树体水分蒸发和防止日灼有一定效果，也可防止树干树皮被日灼伤害继发流胶病或裙腐病。

（5）**遮阳覆盖**。在高温干旱季节，用遮阳网覆盖树冠，减少烈日辐射，降低叶面温度，从而减少植株水分蒸发；同时还可以防止强光辐射对叶片和果实的灼伤。

（6）**施用保水剂**。旱季前，在土壤中施用固水型保水剂，也可对树冠喷施适当浓度的高脂膜类溶液，以减少土壤和叶片水分的散失。

二、灌溉技术

（1）**浇灌**。将灌溉水直接浇入每株树树盘土壤。可用皮管直接供水、人工挑水等方式进行灌溉。每次浇灌前、后应耙松树盘土壤。

（2）**盘灌**。沿树冠滴水线外缘以土作埂围成圆盘，灌溉时使水流入圆盘内。灌溉前疏松盘内土壤，使水容易渗透；灌溉后耙松表土，或用杂草覆盖，以减少水分蒸发。

（3）**穴灌**。在树冠滴水线内侧对称方位挖穴 2~4 个，边长 20cm × 40cm，穴深以不伤根为度。在穴中填充杂草、稻草或秸秆等，将水灌入穴中，再用废旧地膜覆盖灌水穴。下次再灌水时，揭开地膜即可直接灌水。穴灌浸湿根系范围的土壤较宽而均匀，不会引起土壤板结，在水源缺乏的地区，提倡采用此法。

（4）**喷灌**。高温干旱来临前及时启动喷灌设施，可调节绿地小气候，减少高温热害对苗木的危害，保证植株的正常生长。

三、旱后减灾技术

（1）**加强肥水管理**。由于长时间干旱，土壤内水分极度缺失，灾后不宜大量灌水，应先少后多，逐渐加大灌水量，让土壤逐渐恢复正常结构。如果旱期或长期干旱后突降大雨，最好用地膜覆盖园区土壤，以减缓土壤水分补充的速度，减少旱灾的后续损失。

在进行抗旱灌溉过程中注意少量多次施用氮肥和钾肥。旱灾过后，要及时进行低浓度叶面追肥，减少因高温干旱导致的根系吸收能力和枝叶光合作用能力下降造成树体营养不足。为了尽快恢复树势，在 9 月底前施一次以氮肥和钾肥为主的速效肥，提高树体氮、钾含量，促进晚秋梢生长，缓解营养生长枝不足的问题。采用条状沟施肥法，根据树体大小，在树冠滴水线内侧开挖长、宽、深约 50cm × 30cm × 30cm 的施肥沟，将肥料与农家肥混合施用后用泥土覆盖。

（2）**及时处理干枯枝**。防止真菌病害危害主枝主干：及时剪除成活分枝上的枯枝，不得留有桩头；剪枝剪口较大的用利刀削平剪口，并用杀菌剂处理伤口，防止真菌危害。用 85% 代森锌可湿性粉剂 500 倍液、70% 甲基托布津可湿性粉剂 500~700 倍液或 50% 多菌灵可湿性粉剂 500~700 倍液喷洒伤口及树冠。

（3）及时补苗。死树死苗要及时补栽补种，及时去除死树死苗，并按原品种布局设计，落实补种补栽。

（4）**大旱后防大涝**。大旱后应防大涝，应加强绿地排水。

如持续阴雨，绿地积水，容易造成根系缺氧死亡，严重的会烂根死树，须及时开沟排水。

（5）**严防病虫害**。因干旱后绿地内枯枝枯叶多，有利于病虫害越冬，同时受旱树体比较衰弱，易遭受病虫危害。为了减少病虫源、恢复树势，必须认真做好冬季防虫工作，杀灭越冬病虫，减少虫口密度。

具体做法：在 1 月左右，结合修枝整形，清除地面杂草、枯枝落叶并集中处理；松土、培土、喷药；喷药时间在上午露水干后至下午 4 时前进行。药剂可选用波美 1~115 度石硫合剂、晶体石硫合剂 100~120 倍液或硫悬浮剂 120~180 倍液。

参考书目

1. 包满珠 . 花卉学 [M]. 北京：中国农业出版社，2003

2. 陈根荣 . 浙江树木图鉴 [M]. 北京：中国林业出版社，2009

3. 陈俊愉 . 中国花卉品种分类 [M]. 北京：中国林业出版社，2001

4. 陈有民 . 园林树木学 [M]. 北京：中国林业出版社，2007

5. 何济钦等 . 园林花卉 900 种 [M]. 北京：中国建筑工业出版社，2006

6. 何礼华，汤书福 . 常用园林植物彩色图鉴 [M]. 杭州：浙江大学出版社，2012

7. 胡绍庆 . 杭州植物园植物名录 [M]. 杭州：浙江大学出版社，2003

8. 李景侠，康永祥 . 观赏植物学 [M]. 北京：中国林业出版社，2005

9. 刘常富，陈玮 . 园林生态学 [M]. 北京：科学出版社，2003

10. 刘海涛 . 公司与办公室风水植物 [M]. 贵阳：贵州科技大学出版社，2010

11. 刘燕 . 园林花卉学 [M]. 北京：中国林业出版社，2010

12. 毛龙生 . 观赏树木学 [M]. 南京：东南大学出版社，2003

13. 宁波市园林管理局 . 宁波园林植物 [M]. 杭州：浙江科学技术出版社，2011

14. 彭东辉 . 园林景观花卉学 [M]. 北京：机械工业出版社，2009

15. 孙儒泳，李博，等 . 普通生态学 [M]. 北京：高等教育出版社，1993

16. 王雁 . 灌木与观赏竹 [M]. 北京：中国林业出版社，2011

17. 吴棣飞，姚一麟 . 水生植物 [M]. 北京：中国电力出版社，2011

18. 刑福武 . 中国景观植物 [M]. 武汉：华中科技大学出版社，2009

19. 杨先芬 . 花卉文化与园林观赏 [M]. 北京：中国农业出版社，2005

20. 张壮年 . 中国市花的故事 [M]. 山东画报出版社，2009

21. 赵田泽，纪殿荣，杨利平 . 中国花卉原色图鉴 [M]. 哈尔滨：东北林业大学出版社，2010

22. 浙江植物志编辑委员会 . 浙江植物志 [M]. 杭州：浙江科学技术出版社，1993

23. 郑万钧 . 中国树木志 [M]. 北京：中国林业出版社，2004

24. 中国植物志编辑委员会 . 中国植物志 [M]. 北京：科学出版社，2004

25. 周洪义，张清，袁东升 . 园林景观植物图鉴 [M]. 北京：中国林业出版社，2009

26. 周厚高 . 藤蔓植物景观 [M]. 贵阳：贵州科学技术出版社，2006